JN035266

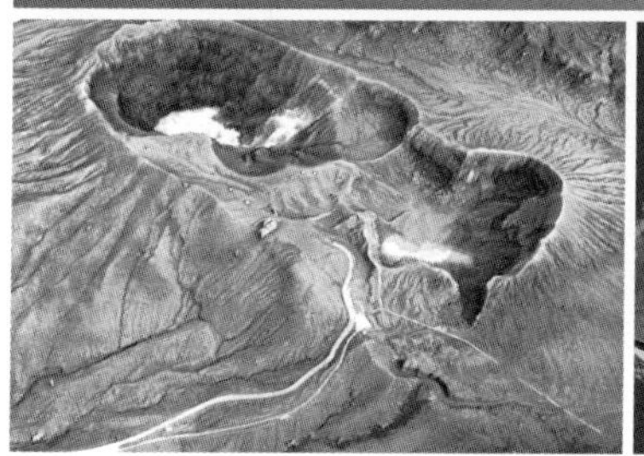

スペーシャリストの会 編

実務者向け
UAV利活用事例集

公益社団法人
日本測量協会

はじめに

スペーシャリストの会　会長　瀬戸島　政博

測量・地理空間情報界に生きている技術者には，地上測量や航空測量などの業務に携わっている狭義の測量技術者だけではなく，各種管理台帳データの整備やそのための調査などに携わっている測量調査技術者，さらには，リモートセンシング，地理情報システムやそれらのシステム開発などに携わっている技術者など多岐にわたっています。このような広範な領域を専門としている技術者あるいは経営者等を含めて，本書では『実務者』と総称しています。換言すれば測量・地理空間情報界に生きる多くの皆様が『実務者』に該当するとご理解いただければ幸いです。

では，次に本書を編集した大きなねらいについて述べたいと思います。本書を出版する2019（令和元）年は，わが国の近代測量が始まって150周年の記念の年に当たります。明治維新直後から国づくりの上流技術である測量は，明治政府内の各省で欧米からの最新機器と外国人技術者の指導の下に多方面の分野でなされました。それ以降，今日までの測量機器や測量技術を俯瞰すると，最新の測量機器（現在では測量システム）を一早く欧米から導入し，それを利活用して実務に対応してきたことが多かったように感じます。測量界は“装置産業”と揶揄される由縁があったように思えます。しかし，一見“装置産業”的に見える測量界での対応もつぶさに見ると，様々な工夫や改善など技術者の不断の努力と実践によって高度な利活用がなされてきました。私たち測量界に生きる人間には，そのような能力等をDNAとして受け継いでいるのかもしれません。

さて，UAVの現在の活況も将に“装置産業”そのものの姿のようです。同時につい十数年前まではほとんど巷間の噂にも上がらなかったのが，その数年間では爆発的な台数に上り，測量会社ではほとんどが所有しているシステムとなりました。まるで戦国時代の“鉄砲伝来”と酷似した様相です。1543（天文12）年に僅か２挺の鉄砲が種子島に伝来し，その約30年後の長篠の戦いでは，3,000挺の鉄砲を３段に分け連射して利用されていました。これも“装置産業”ではあるものの，それ以上に高度な工夫と改善に基づく利活用の賜物による勝利と言えると思います。

UAVを保有している時代からスマート（賢く）に利活用していく時代を迎えています。公益社団法人日本測量協会ではUAVの利活用を推進していくために，測量・地理空間情報イノベーション大会や実務者のためのUAV利活用セミナーを開催し，普及と啓発に努めていますが，その支援を私たちスペーシャリスト（SP）の会が協力しています。その一環として2017年度UAV利活用セミナーでは，『UAVの利活用事例集』と銘打った小冊子を日本測量協会から発行してもらい，セミナー参加者に無料配布しました。今回，この小冊子に掲載したUAVの利活用事例を増補するとともに，新たな利活用事例を豊富に加え，本書を作成致しました。是非，UAVによる事業拡大や新事業化のためのご活用いただきたく願っております。

「スペーシャリストの会」について

スペーシャリストの会　会長　瀬戸島　政博

地理的・空間的広がりをもつ地表の地物位置と関連づけられる様々な情報を扱う地理空間情報は，最優先して整備する基盤情報として位置づけられます。それらの情報には，製品仕様・品質仕様，使われ方についての要求仕様などの定義やそのための技術が必要とされます。さらには，地理空間情報の各仕様の策定，取得，運用に至るまでの情報ライフサイクル全般にわたる管理技術，加えて，多方面にわたる利活用の提案など，高いレベルからのコンサルティングが求められます。

このような時代の要請に応えるため公益社団法人日本測量協会では2005(平成17)年度から「空間情報総括監理技術者」認定試験を実施しました。この認定試験では，測量士の資格を有し，技術士の資格あるいは博士の称号，またはこれらと同等の能力を有して，地理空間情報関連業務に15年以上従事し，かつ，当該業務の責任者を２回以上経験していることが受験資格となっています(詳細はhttp://www.jsurvey.jp)。

「スペーシャリストの会(Spatialist Club：SPの会)」は，2005(平成17)年秋に発足した地理空間情報の専門家集団の自主的な会で，空間の形容詞であるSpatialと専門家のSpecialistを合わせた造語です。会員は，「空間情報総括監理技術者」認定試験に合格し資格認定された者からなります。この会は，地理空間情報の専門家集団が自主的な活動を通して，わが国の地理空間情報技術の更なる発展と先導的役割を果たし，合わせて会員相互の親睦を図ることを目的にしています。2019(平成31)年１月１日現在で323名の会員から構成されています。

「スペーシャリスト」の名称の名づけ親であり，同会の最高顧問である東京大学名誉教授村井俊治先生には日頃から様々なご指導を賜っています。また，SPの会ではこれまでに，『空間情報分野の技術提案事例集(日本測量協会2006(平成18)年７月発行)』，『実務者向け地理空間情報の流通と利用(日本測量協会2008(平成20)年６月発行)』，『空間情報ガイド－空中写真・衛星画像－(日本地図センター2008(平成20)年10月発行)』，『測量系技術者のための技術士合格への道」(日本測量協会2009(平成21)年６月発行)』，『地理空間情報コンサルタントへの道(日本測量協会2010(平成22)年９月発行)』，『地理空間情報の技術商品から知る問題発見・解決のコツ(日本測量協会2012(平成24)年６月発行)』，『測量系技術者のための技術文章分析のコツ(日本測量協会2015(平成27)年６月発行)』，『測量系技術者のための技術士(建設部門)合格への道(日本測量協会2017(平成29)年３月発行)』さらに最近では，月刊『測量』に連載しているSPの会コーナーの記事をまとめて，月刊『測量』別冊『空間情報総括監理技術者からのメッセージ(2017(平成29)年11月)』を出版してきました。

SPの会では，「空間情報総括監理技術者」相互の技術や情報の交換等を通して，当該技術の向上や広く社会的な貢献を果たしたいと考えております。

本書の構成と使い方

スペーシャリストの会　会長　瀬戸島　政博

本書は，次のように第１章から第８章までの８部構成です。

第1章　UAVとその周辺技術の動向

第2章　UAV測量に関する各種技術マニュアル(案)の紹介

第3章　防災分野での利活用

第4章　i-Construction分野での利活用

第5章　構造物維持管理分野での利活用

第6章　測量・地図作成分野での利活用

第7章　環境分野・文化財修復での利活用

第8章　教育研修分野での利活用

第１章「UAVとその周辺技術の動向」では，最初にUAV自体の最近の動向や新しいタイプのUAVの紹介等について触れています。次いで，様々なUAV搭載センサについての動向や精度等について記述しています。加えて，主要な処理解析ソフトの種類やその機能，クラウドによる処理解析の流れ，さらには最近の動向等についても触れています。

第２章「UAV測量に関する各種技術マニュアル(案)の紹介」では，『UAVを用いた公共測量マニュアル(案)』，『UAV搭載型レーザスキャナを用いた公共測量マニュアル(案)』，『空中写真測量(無人航空機)を用いた出来形管理要領(土工編)(案)』などについて，骨子や重要事項，留意点等を簡潔に記述しています。

第３章「防災分野での利活用」では，測量分野で最も多く適用されている事業領域であり，大規模斜面災害，土石流による土砂災害，豪雨災害，火山災害など多岐にわたる災害を対象とした事例を紹介しています。掲載事例は13例で他分野に比較して極端に多いが，その分実効性の高い事例が紹介されています。

第４章「 i－Construction分野での利活用」では，最も注目されている事業領域でもあり，本書では５事例が紹介されています。施工現場での実際の課題や留意点が数多くまとめられ，参考になる知見も多くあります。

第５章「構造物維持管理分野での利活用」では，道路，橋梁などの施設点検のためのUAVの利活用事例に加えて，離岸堤や港湾・漁港等の施設の健全度判定にUAVを利活用した事例などを紹介しています。

第６章「測量・地図作成分野での利活用」では，回転翼のUAVに加えて，固定翼のUAVによる地形図作成の事例が紹介されています。UAV撮影画像から地形図作成のため図化，あるいはそのためのシステムや機能等についても触れています。

第７章「環境分野・文化財修復での利活用」では，UAVレーザ・カメラを併用した文化財調査，歴史的建造物の調査研究などの事例を紹介しています。加えて，湿地調査など貴重な植生群の調査にUAVが使われた事例を紹介しています。

第８章「教育研修分野での利活用」では，公益法人や民間企業で実施しているUAVによる撮影から３次元データ作成までの一連の教育研修プロセスを紹介しています。

編集責任者および執筆者

[編集責任者]（所属は編集時）

氏名			所属先
瀬戸島政博	スペーシャリストの会	会長	(公社)日本測量協会 （全体企画，第1章，第3章，第7章，第8章）
住田　英二	同会	副会長	(公社)日本測量協会 （第2章，第6章）
林　　義政	同会	副会長	(株)パスコ （第4章）
秋山　幸秀	同会	副会長	朝日航洋(株) （第5章）
遠藤　拓郎	同会	会員・事務局	(公社)日本測量協会 （事務局）

[執筆者：所属]（50音順，所属は執筆時）

氏名	所属
青山　光一	(株)パスコ
秋山　幸秀	朝日航洋(株)
荒井　健一	アジア航測(株)
安藤　港増	CSGコンサルタント(株)
市橋　利裕	(株)テイコク
伊藤　友和	国際航業(株)
内川　　勉	(株)パスコ
大森　康至	朝日航洋(株)
北澤　俊隆	(株)熊谷組
黒台　昌弘	安藤ハザマ
小林　　浩	朝日航洋(株)
島田　　徹	国際航業(株)
鈴木　英夫	朝日航洋(株)
住田　英二	(公社)日本測量協会
瀬戸島政博	(公社)日本測量協会
髙橋　　弘	中日本航空(株)
千葉　一博	(株)タックエンジニアリング
千葉　達朗	アジア航測(株)
津口　雅彦	(株)パスコ
鳥田　英司	国際航業(株)
中舎　　哉	中日本航空(株)
永田　直己	国際航業(株)
中野　一也	朝日航洋(株)
名草　一成	国際航業(株)
西村　正三	(株)計測リサーチコンサルタント
西村　芳夫	(株)日本インシーク
野田　　透	(株)テイコク
野村　真一	国土交通省　熊本復興事務所
早川　和夫	(株)テイコク
林　　義政	(株)パスコ
原田　耕平	(株)日本インシーク
水野　歩未	(株)テイコク
皆川　　淳	国際航業(株)
皆木　美宣	中日本航空(株)
村木　広和	国際航業(株)
村田雄一郎	アジア航測(株)
安井　伸顕	(株)計測リサーチコンサルタント
山田　秀之	アジア航測(株)
吉永新一郎	(株)パスコ
渡辺　智晴	アジア航測(株)
渡辺　　豊	ルーチェサーチ(株)

CONTENTS

はじめに

「スペーシャリストの会」について

本書の構成と使い方

編集責任者および執筆者

第1章　UAVとその周辺技術の動向 …… 01
1.1　UAVの搭載センサの動向 …… 01
1.2　処理解析ソフトの機能とその動向 …… 07

第2章　UAV測量に関する各種技術マニュアル(案)の紹介 …… 09
2.1　UAVを用いた公共測量マニュアル(案) …… 09
2.2　UAV搭載型レーザスキャナを用いた公共測量マニュアル(案) …… 13
2.3　空中写真測量(無人航空機)を用いた出来形管理要領(土工編)(案) …… 17

第3章　防災分野での利活用 …… 19
3.1　概要 …… 19
3.2　UAVレーザを活用した荒廃渓流調査事例 …… 21
3.3　UAVレーザによる道路防災点検事例 …… 25
3.4　大規模斜面災害におけるUAV活用事例 …… 29
3.5　土砂災害警戒区域での実証実験 …… 33
3.6　UAVによる阿蘇中岳の地形計測 …… 37
3.7　2018(平成30)年7月豪雨に伴う沼田川(広島県三原市)における堆積土砂量調査… 41
3.8　山岳地帯における転石等の検出実験 …… 45
3.9　固定翼UAVによる台風災害調査事例 …… 49
3.10 豪雨による斜面災害の緊急対応事例 …… 53
3.11 噴火活動中の火山における遠隔調査システム …… 57
3.12 草津白根山(本白根山)火山噴火初動調査支援 …… 61
3.13 UAVレーザによる大分県耶馬渓災害での緊急計測対応 …… 65

第4章　i-Construction分野での利活用 …… 69
4.1　概要 …… 69
4.2　i-Constructionでの利用事例 …… 71
4.3　i-Constructionでの利活用事例および精度検証 …… 75
4.4　i-Constructionでの利活用事例（UAV搭載型レーザスキャナによる計測）…… 79
4.5　建設工事の土工管理におけるUAV活用事例 …… 83
4.6　建設分野におけるUAVレーザの基礎的な検証事例 …… 87

第5章　構造物維持管理分野での利活用 …… 91
5.1　概要 …… 91
5.2　UAV空撮画像による設備点検 …… 93
5.3　UAV搭載サーモカメラによる施設点検 …… 97
5.4　コンクリート構造物の点検（UAVを用いたダム点検の目的と概要）…… 101
5.5　港湾・漁港・海岸保全施設の健全度判定におけるUAV利活用調査 …… 105
5.6　UAV写真測量による離岸堤の定量的状況把握 …… 109

第6章　測量・地図作成分野での利活用 …… 113
6.1　概要 …… 113
6.2　UAVレーザによる公共測量 …… 115
6.3　固定翼UAVによる地形図作成事例 …… 119
6.4　SfMソフトの解析結果を利用した図化精度検証 …… 123

第7章　環境分野・文化財修復での利活用 …… 127
7.1　概要 …… 127
7.2　UAVを利用した湿地調査事例 …… 129
7.3　UAVを用いた歴史的建造物の調査研究 …… 133
7.4　重要文化財「通潤橋」保存修理工事における3次元データの活用 …… 137

第8章　教育研修分野での利活用 …… 141
8.1　概要 …… 141
8.2　UAVを用いた３次元計測とその利活用の教育研修事例 …… 143
8.3　UAVレーザを用いた３次元計測とその利活用の教育研修事例 …… 147
8.4　UAVによる３次元計測スクール事例 …… 151

おわりに

第1章　UAVとその周辺技術の動向

1.1　UAVの搭載センサの動向

日本におけるUAVの利用は，ホビーから映像，測量・調査へと利用目的が変化し更に物流へと大きく動き出して来ている。とくに，内閣府を中心とした国土交通省，経済産業省，総務省や各省庁に関連した研究機関や民間企業がコンソーシアムを立ち上げて，1)技術課題，2)インフラ整備，制度整備，3)UAV利用事業者発掘(サービス)，4)社会受容性の向上等を検討し，ロードマップを作成し政府として新しい産業の育成に力を入れている。この様な動向の中で，測量・調査分野である業界としてどの様な利用事業があるか？考える時，搭載センサによって測量・調査対象の計測方法や観測データや観測精度が大きく分かれる事は考えるに明白である。本項では，現状市場に出ているUAV搭載センサを受動型と能動型に分けて整理したいと考えている。受光型センサ(デジタルカメラ，マルチカメラ，熱カメラ)，能動型センサ(レーザ装置)に分けて整理する。

1.1.1　受光型センサ

この項では，デジタルカメラをそのシャッター機構とレンズ機構に分けて説明を行う。シャッター機構は，物理的シャッター方式(メカニカルシャッター方式)と電子的シャッター方式(エレクトロニックシャッター方式)に分かれる。レンズ機構として，単眼レンズ，ズームレンズ，望遠レンズがある。

1）フォーカルプレーンシャッターカメラ(物理的シャッター)

従来のカメラといえばこの方式のシャターを利用している。フイルムカメラ，一眼レフカメラ，ミラーレスカメラ等がこの方式を採用している。

・メリット：電子的シャッター方式より画像歪みが少ない。

・デメリット：物理的なシャッターなので振動が大きく構造も大きくなる。

2）レンズシャッターカメラ(物理的シャッター)

レンズの中にシャッター開閉機構を入れたものであり，コンパクトカメラや中判カメラ等に用いている。

・メリット：振動が少ない。

・デメリット：高速シャッターが難しい。

3）グローバルシャッターカメラ(電子的シャッター)

現在のデジタルカメラで，高級一眼レフカメラやハイスピードカメラ等，高速でシャッターを使用したいカメラで採用されている。

・メリット：動体の撮影に適している。フラッシュ同期も良い。

・デメリット：カメラ自体が高価である。また，シャッター速度が早いのでノイズが多くなる。

4）ローリングシャッターカメラ(電子的シャッター)

スマートフォン，GoPro，ミラーレスカメラ等が採用している。動きが早いものを撮影すると画像が読み出しライン毎もずれて露光し歪む現象が起きる。

・メリット：カメラコストが安価である。

・デメリット：動体の撮影には向かない。フラッシュとの同期が高速にできない。

5）レンズ機構

（1）　単焦点レンズ

単焦点レンズは，ズーム機能が無いもので，撮影する対象までの距離が決まったものである。一般的には，ピントを合わす対象と背景をボカすなどに向いていると言われている。また，暗い場所の撮影に向いていると言う特長も持っている。単焦点レンズにも着脱方式とカメラボディーと一体になったものがあり，写真測量的にはレンズとカメラが一体型である方が理想的な幾何学関係が構築できるので最も推奨する。着脱方式は，レンズディストーションと言う観点では不向きで，一度レンズを着脱すると第三者機関で検定を受けた係数は利用できなくなる。同じレンズでも着脱により変化するためである。

表1-1　被写界深度

	被写界深度	
	浅い ⟺	深い
絞り	F値が小さい（絞り開く）	F値が大きい（絞り絞る）
焦点距離	長い（望遠レンズ）	短い（広角レンズ）
撮影距離	短い	長い

$$\text{前方被写界深度(Tf)} = \frac{\text{許容錯乱円径}(\delta)\times\text{絞り値}(F)\times\text{被写体距離}(L)\,\hat{}\,2}{\text{焦点距離}(f)\,\hat{}\,2+\text{許容錯乱円径}(\delta)\times\text{絞り値}(F)\times\text{被写体距離}(L)} \cdots\cdots\cdots\cdots ①$$

$$\text{被写界深度(mm)=後方被写界深度(Tr)}-\text{前方被写界深度(Tf)} \cdots\cdots\cdots\cdots ②$$

$$\text{後方被写界深度(Tr)} = \frac{\text{許容錯乱円径}(\delta)\times\text{絞り値}(F)\times\text{被写体距離}(L)\,\hat{}\,2}{\text{焦点距離}(f)\,\hat{}\,2-\text{許容錯乱円径}(\delta)\times\text{絞り値}(F)\times\text{被写体距離}(L)} \cdots\cdots\cdots\cdots ③$$

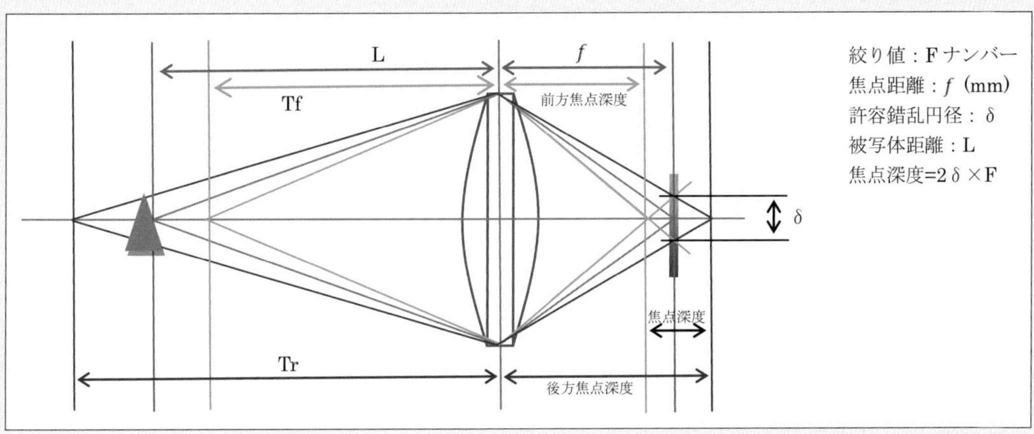

図1-1　被写界深度

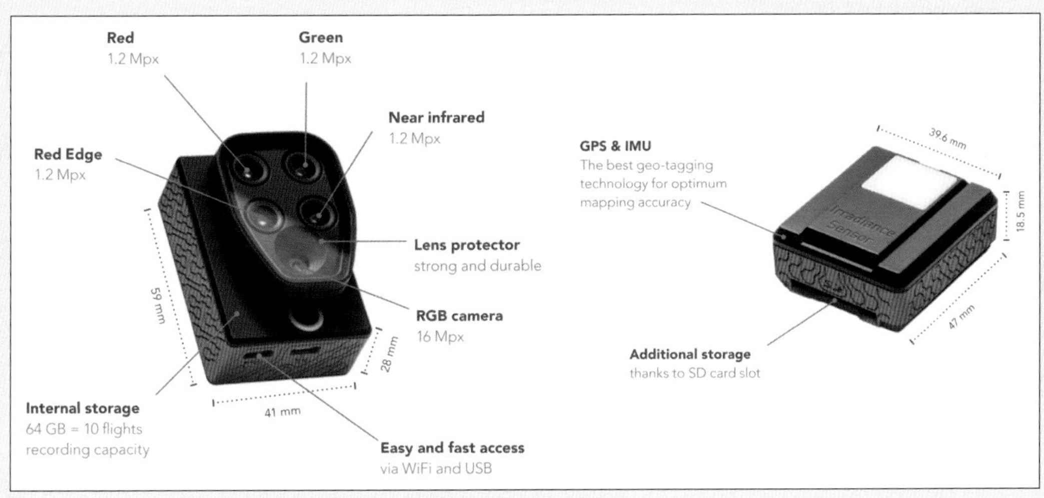

図1-2　Sequoia外観

（2） ズームレンズ

ズームレンズは，焦点距離を可動することで撮影対象を拡大して撮影を行うもので，より細かく鮮明に遠くから対象を撮影する場合には向いている。今後UAVに搭載し撮影対象から少し離れた位置から撮影対象(橋，ダム，河川堤防，海岸堤防，建築物，大規模工場の設備等)の状態を撮影することに期待が寄せられている。ただし，写真測量の観点からは，あまり推奨できない面がある。レンズが着脱方式でもカメラとの一体型でも可動部分が物理的にある場合は，焦点距離を完璧に固定できない可能性があり撮影時の振動や外部からの衝撃でレンズ稼働部が動かないという保証がないことが適さない理由である。

（3） ピント

ピントはオランダ語で焦点と言う意味で，英語ではフォーカスと言う。単焦点レンズカメラもズームレンズカメラも撮影対象にピント面を合わせてから撮影を行う。UAVを用いた撮影でも同じでピント合わせを地上で行ってからUAVジンバルに搭載し実際の撮影をおこなう。このピント合わせで最低限カメラ設定として理解しておかないといけないこととして，飛行高度と撮影対象の比高差(地形の高低差だけでなく，樹木等の高さも解析時には結果に影響を及ぼす)の関係が非常に重要と言える。一般的にカメラ設定では，絞りを絞り，広角レンズを用いて，撮影対象までが離れていれば被写界深度が深く広い範囲でピントが合い写真全体のピントが一定程度保たれる(表1－1，図1－1)。UAVの場合は，撮影範囲，撮影に使用するカメラ，焦点距離，撮影高度，OL(オーバーラップ)とSL(サイドラップ)が決まれば撮影する枚数が決まる。そうするとUAVの速度が決まりシャッター速度を固定し，絞りを調整する設定で撮影されることが多いと言える。このときカメラの絞りとレンズ特有の絞り値との関係により最適な撮影画像が得られることが一般的である。

6）マルチカメラ

Sequoia(図1－2参照)は，RGB(Red，Green，Blueの3原色)以外に4帯域センサを搭載している。Near infrared(近赤外線)，RedEdge(レッドエッジ)，Green(緑)，Red(赤)を撮影可能なセンサで主にNDVI(植物活性指数)を算定する場合に用いられる。このセンサが従来の衛星リモートセンシングと異なる点は同時に白板を用いた照度を撮影写真毎に取得できる点がある。精密農業への利用が期待されている。

（1） 4帯域センサ(1.2Mpixel)+RGB(16Mpixel) (図1－3)

7）RedEdge(Mica Sense社)

RedEdgeは，RGB以外に5帯域センサを搭載している(図1－4)。Near infrared(近赤外線)，RedEdge(レッドエッジ)，Green(緑)，Blue(青)，Red(赤)を撮影可能なセンサで主にNDVI(植物活性指数)を算定する場合に用いられる(図1－5)。このセンサが従来の衛星リモートセンシングと異なる点は同時に白板を用いた照度を撮影写真毎に取得できる点がある。精密農業への利用が期待されている。

（1） クロロフィルマップ

植物の活力だけでなく植物の健康をより正確に測定するため，赤色のエッジスペクトルバンドが他のバンドと連携して解析される。

（2） NDVI

この一般的に知られている屈折率は，赤色帯域と近赤外帯域の反射率を比較する。しかし，この指標だけでは限られた情報しか得られないので他の情報と組み合わせて利用する。

（3） DSMデータ

デジタルサーフェースモデルは，圃場の表面特性と水流を評価するために利用される。

（4） RGBオルソ画像

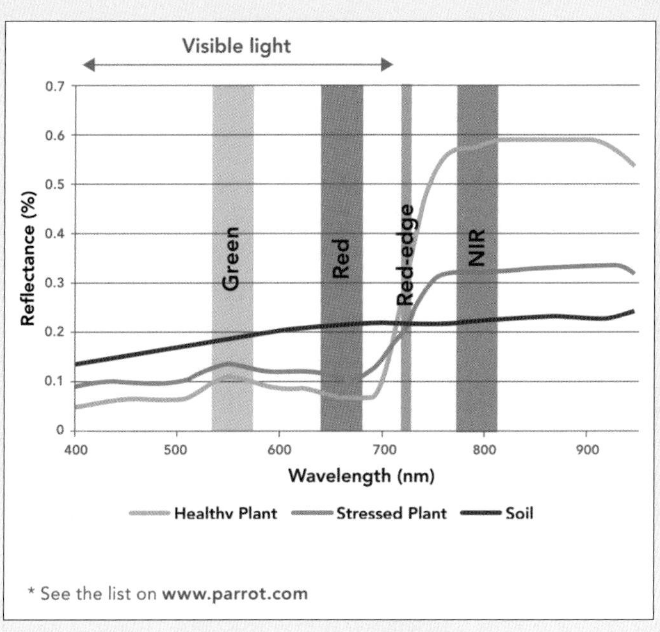

図1-3　センサ感度波長帯

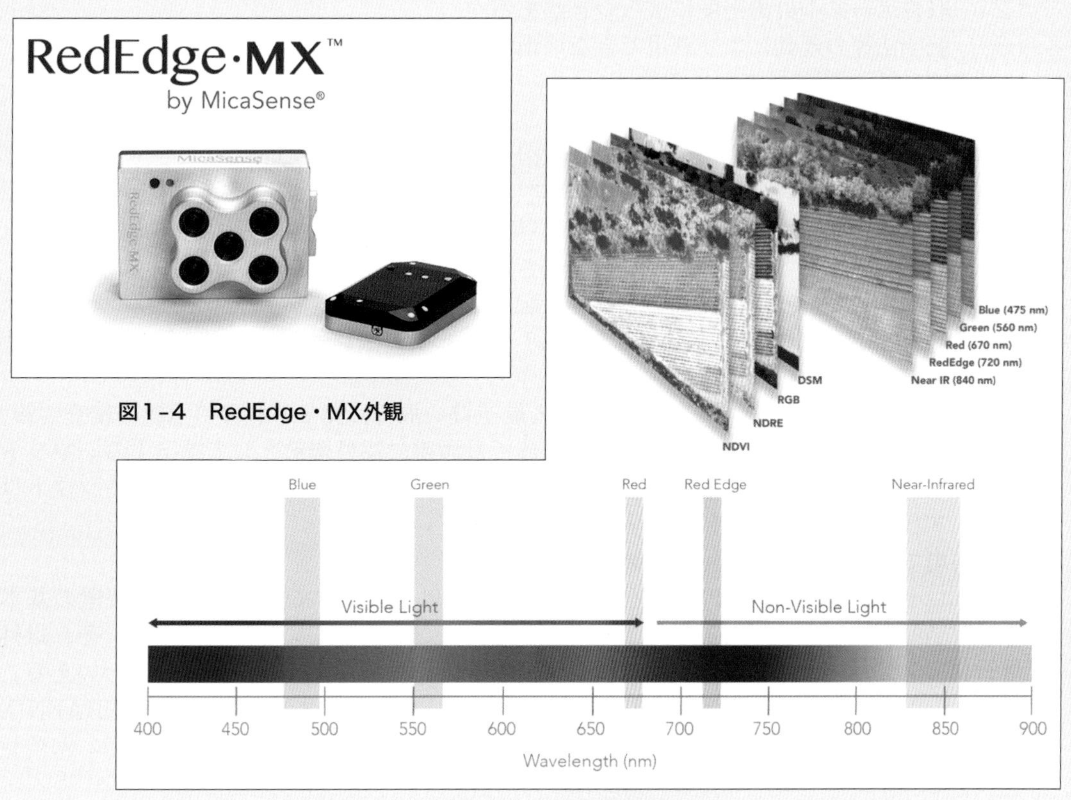

図1-4　RedEdge・MX外観

図1-5　センサ感度波長帯

RedEdge-MXには，RGBカラー画像用の赤，緑，青のバンドなど，歪みのない画像用のグローバルシャッター機能があり，処理されたときにすべての可視および不可視のバンドと植生指標と合わせて利用される。

1.1.2　熱カメラ

熱カメラに関しては，DJI社製のZenmuseXT（図１-６）が最も市場に出ていると言える。しかし，熱カメラ自体の素子はFLIRシステム社のものが殆どの熱カメラメーカーで採用されている。今回ご紹介するDJI社のZenmuseXTもFLIR社の素子を用いて開発されたものである。また，図１-７に実際にUAVで撮影した熱画像から熱オルソ画像を作成した例を記載する。

1.1.3　レーザ装置

2017（平成29）年３月に公開された『無人航空機搭載型レーザスキャナを用いた出来形管理要領（土工編）（案）』により，UAVに搭載するレーザ装置を用いた出来形管理を行うための機材と計測点検方法が記載された。また，2018（平成30）年３月に『UAV搭載型レーザスキャナを用いた公共測量マニュアル（案）』が公表され，UAVレーザ装置を用いた公共測量を行う上での機材検査や測量検査の工程に関して詳細に示された。これらに記載されている項目でレーザ装置の優位性，技術的課題，利用条件を２つの規定から以下に整理した。

１）優位性

（１）　計測の準備作業が軽減，計測時間も短いため測量作業が大幅に効率化。

（２）　測量結果を３次元CADで処理する事で，鳥観図や縦断図・横断図などのユーザの必要なデータが抽出できる。

２）技術と制度的課題

（１）　計測箇所をピンポイントに計測できない。

（２）　取得データの計測密度にばらつきがある。

（３）　航空法等の規制により利用できない地域がある。

３）UAV本体とレーザ装置の利用条件

（１）　GNSS測量機が２周波であること。

（２）　UAV本体の保守点検は，１年１回以上（製造元による点検）。

（３）　UAVレーザ本体の定期点検は，暫定で６カ月以内に精度確認試験を行う。公共測量でもボアサイトキャリブレーション（第28条）として使用機材は測量作業前６カ月以内に実施することを標準とすると記載されている。

（４）　公共測量では，キャリブレーション記録簿として，様式１-１（キャリブレーション記録簿（UAV機材点検記録））及び様式１-２（キャリブレーション記録簿（UAVレーザ機材試験記録））を作成する。

（５）　出来形管理では，ハードとして「無人航空機の飛行に関する許可の承認の審査要領」の許可要件に準じた飛行マニュアルを施工計画書に添付資料として提出する。ソフトウエアは，管理要領に沿った機能を有するものであることを示すカタログやソフトウエア仕様書を施工計画に添付することとなっている。

４）日本市場で使われているレーザー装置

日本におけるUAVレーザ装置を各メーカー毎に以下に並べてみた。レーザ装置の基本部分は，Velodyne社製とRIEGL社のレーザ装置がベースとなっているものが多く，それ以外の機材に関しては当然，第三者機関に機材性能を評価していもらう事が望ましいといえる。当然，Velodyne社製（図１-８）もRIEGL社製（図１-９）も同じである。図１-10のPHAENIX社は，Velodyne社製とRIEGL社製のレーザ装置を用いて独自にGNSSやIMUをインテグレーションしてレーザシステムとして商品化している。

［村木　広和　（国際航業（株））］

名称	Zenmuse XT
寸法 重量	103×74×102mm 270g
画素サイズ	17μm
レンズ	9mm
画素数	640×512
フレームレート	30Hz
温度精度	±5℃

図1-6　ZenmuseXTと諸元表

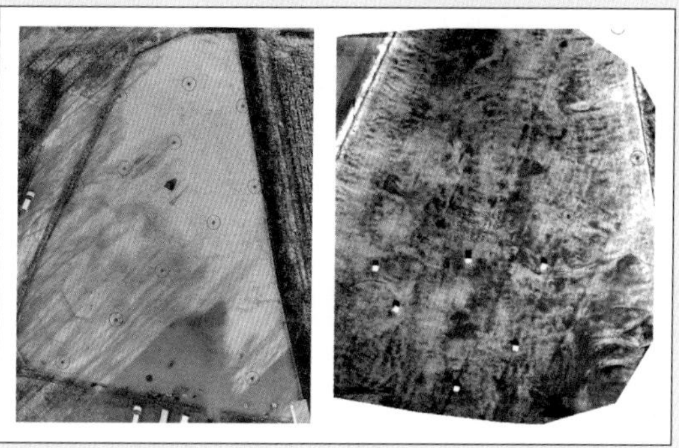

図1-7　デジカメオルソ(左側)と熱カメラオルソ(右側)

図1-8　YellowScan外観

図1-9　RIEGL社のUAVレーザ装置

RIEGL VUX-1UAV(左側)
RIEGL miniVUX-1UAV(中央)
RIEGL miniVUX-1DL(右側)

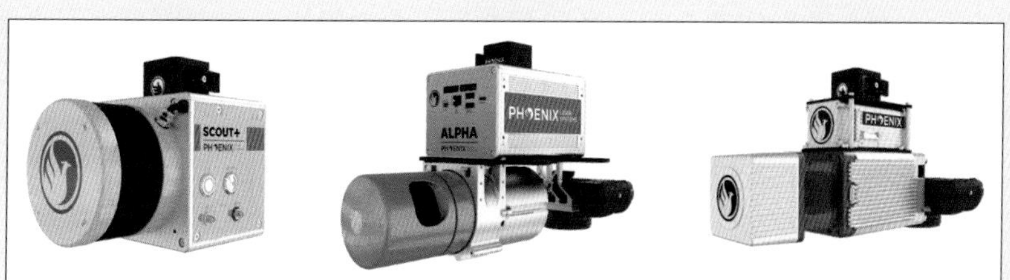

図1-10　PHAENIX社のUAVレーザ装置

SCOUT-16(左側：Velodyne社製使用)
ALPHA AL3-32(中央：Velodyne社製使用)
mini RANGER LITE(右側：RIEGL社製使用)

1.2　処理解析ソフトの機能とその動向

1.2.1　3次元点群生成ソフト（以後：SfM系ソフト）について

現在，日本国内で利用されている代表的なSfMソフトとしては3つ存在している。Pix4DMapper（スイス），PhotoScan（ロシア），ContextCapture（フランス），これに元々，航空写真測量などで，厳密な地図作成に用いられていたImageMasterUAS（日本）はSfMの特徴である多視点画像を用いた点群計測機能を付加したバージョンを販売している（表1－2）。写真測量として，解析精度が担保できているソフトは，ある程度は整理されてきているがSfM系ソフトも開発途上にあり，様々な条件（撮影方法，UAVによる垂直空中写真，斜め写真，地上写真，撮影高度や撮影対象までの距離，使用カメラの画像数，レンズ焦点距離，レンズディストーション，標定点有無し等）で撮影されたデータや現地の状況によりSfM系ソフトを選択して利用する事が望ましい。一般的には，厳密な写真測量としては，ImageMasterUASは，従前の地図作成機能プラス3次元点群処理が可能で，国土地理院から示されている『UAVを用いた公共測量マニュアル（案）』の第2編と第3編対応が可能，Pix4DMapper，PhotoScan等は，第3編に対応が可能であると考えている。ContextCaptureは，都市やプラントなどの3次元TINモデル化には非常に適している。

1.2.2　SfM系ソフトの特徴

この技術は，ロボットビジョン分野において，ロボット自身に2台のカメラを取り付け，ステレオ同時観測した2枚以上の画像を用いて，対象物の3次元形状や大きさを測り，ロボット自体が周りとの位置関係を把握する技術として進化した物である。以下にその中心となるキーポイント抽出とキーポイントマッチングに関してその概念を説明する。

1）キーポイント抽出機能

撮影された画像上で，色や形状に特徴がある点のことをキーポイント（特徴点）と呼ぶ（図1－11，図1－12）。Pix4D社のソフトなどは，対応点マッチングに利用されているSHIFと言う画像処理手法を用いている。SHIFは，画素毎に詳細な特徴点の検出を行うものである。

2）キーポイントマッチング機能

キーポイントマッチングは，前記の画像毎に抽出されたキーポイントを画像間で対応マッチングを行うことである。従来の写真測量システムでは，自動処理はあったが殆ど，複数の画像上で同じ場所を観測する場合は，オペレータが画像上で指示して観測を行っていた。現在は，コンピュータなどのスペックの向上により，キーポイントマッチング（同じ特徴を探す）が主流となってきている。

1.2.3　UAVを用いた公共測量に向けたサービス

実際にUAVを用いた写真測量を行う現場では，地形の高低差などの影響で撮影計画など非常に難しい選択をしながら撮影作業を行う必要がある。その撮影された写真が写真測量に適しているかは，一度，SfM系ソフトで処理を行わないと解らないのが現状である。そこで，国際航業（株）では，3次元空間解析クラウドサービス（KKC-3D）を開始し，UAVを用いて撮影写真をUPLOADすることで，i-Constructionに必要な3次元点群データとデジタルオルソ，精度管理表を作成するクラウドサービスを提供している。これにより，現場から撮影写真をUPLOADするだけで，撮影した写真が解析に適しているかの判断が可能となりUAVを用いた写真測量の生産性を向上させている。

［村木　広和　（国際航業（株））］

図1-11　石や裸地，都市域

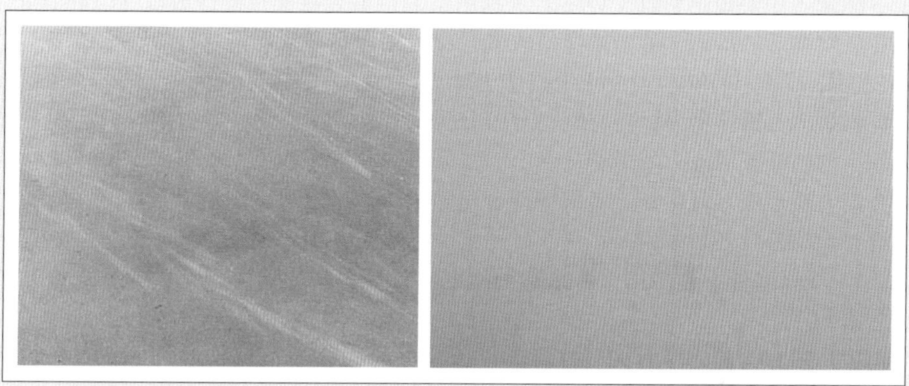

図1-12　水面，雪原，霧，ピンボケ

表1-2　SfMソフト一覧

製品名	PhotoScan	ContextCapture	Pix4DMapper	ImageMasterUAS
開発会社	Agisoft社	Bentley社	Pix4D社	TOPCON社
開発国	ロシア	フランス	スイス	日本
機　能 (共通)	・多量の静止画像や動画で撮影された画像からカメラの撮影位置を推定し，３次元モデルデータに反映可能 ・画像処理はほぼ自動処理にて実行されるが，処理時間の比較はされていない ・３次元モデルデータはどれも精細に表現されているが，精度比較を示す事例はまだない ・価格が比較的安価であり，多くの企業が導入している			

第2章　UAV測量に関する各種技術マニュアル(案)の紹介

2.1　UAVを用いた公共測量マニュアル(案)

2.1.1　はじめに

『UAVを用いた公共測量マニュアル(案)』(以下,「マニュアル」)は,大縮尺地形図作成および i-Constraction対応の３次元点群データ作成を目的に,UAVをプラットフォームとして行う写真測量(以下,「UAV写真測量」)について,国土地理院でまとめられたものである。また,公共測量申請は17条申請であるが,本マニュアルに準拠して行うことで,個別の精度検証報告などを提出する必要は無い。

本章の目的はマニュアルの紹介であるが,上記にあげた目的以外にも次章にあるように利活用は様々である。そこで,実務者の視点から,UAVを様々な場面で利活用する際に特に重要と考えられる規程などについて紹介する。

2.1.2　マニュアルの構成

マニュアルはUAVをプラットフォームとして行う測量に関して,第２編で大縮尺地形図作成について,第３編で i-Constraction対応の３次元点群データ作成について,それぞれのプロセス管理による測量方法が規定されている。実利用における３次元点群作成は i-Constraction以外の利用が多く,マニュアル第３編の規程に該当しない場合が多く想定される。そこで,マニュアルの利用について,図２-１のフローとしてまとめた。

防災,災害対応,構造物の維持管理などの分野にも期待が高く,多方面で利活用と検証が進められている。この分野では,基礎データとして３次元点群を作成する事例が多く,マニュアル第３編に準じた方法が取られるが,精度管理の規定に該当するものが無いため,マニュアルを参考に測量作業を進めることが多い。

以下,UAV写真測量を利活用するにあたって特に計画時に重要と考える規定などについての要点をまとめた。

2.1.3　使用するUAVおよびカメラの選定

１）目的に応じたUAVの選定

マニュアル第23条でUAVの性能を規定している。ただし,UAVを明確に定義した記述が無いので,本項では,充電式バッテリーによるモーター駆動の無人航空機と定義し,その種別は“マルチコプター”,“回転翼”,“固定翼”の３つの型として取り扱う(図２-２)。

とくに,４ローターから８ローターのマルチコプター型の機体が普及していて,小型から中型の機体が主に利用されている。大型の機体は,主にUAVレーザで利用されている。

機体選定は搭載するカメラとの組み合わせて考える必要があるが,目的に応じた機体種別と着目点(飛行性能)を中心として表２-１にまとめた。

なお,測量業務を行うためにUAVの導入を検討する場合はUAV本体,自律飛行プログラム作成と実行に使用するソフトウエアを含めて総合的に検討することが大切である。

２）カメラの選定

マニュアル第24条で使用するデジタルカメラの性能などを規定している。本項では,目的に応じて,カメラ選定について種別,着目点を表２-２にまとめた。

なお,測量業務を行うためにUAV搭載のデジタルカメラの導入を検討する場合は5000万画素を超えるような大型イメージセンサを選択すると計測計画時のメリットが多いが,機体に搭載できる重量とその後の解析処理時間などを考慮して選択する必要がある。

また,カメラスペックは,センサの規格で明記されている場合が多いので,利用例の多い規格を参考にまとめた(図２-３)。

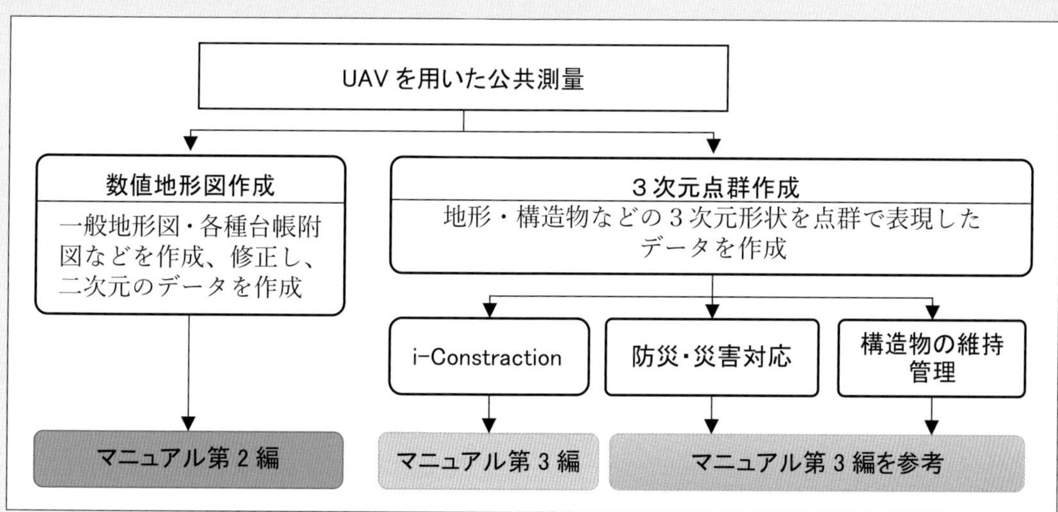

図2-1　目的に応じたマニュアルの利用フロー

図2-2　UAVの種別(左；マルチコプター，中；回転翼，右；固定翼)

表2-1　目的に応じたUAVの選定　　※自律飛行を前提として測量作業を対象とする。

目的	種別	着目点(飛行性能)
数値地形図作成	・マルチコプター ・回転翼 ・固定翼	・焦点距離，露光時間，絞り，ISO感度を手動で設定できるカメラを搭載できる ・単焦点レンズのカメラを搭載できる
i-Constraction	・マルチコプター ・回転翼	・高解像度，高ラップ撮影が必要なため，飛行時間が長い ・起伏が多い施工現場が想定されるため，コースごとに対地高度を設定できる
防災・災害対応	・マルチコプター ・回転翼 ・固定翼	・悪天候，長距離飛行が必要となる場合が多いため，中型(耐風10m程度)以上の機体が推奨 ・標定点の設置が困難なことが多いため，自己位置(主点座標)算出の精度が高い ・地形変化想定されるため，高高度飛行(飛行基地から500m程度)可能
構造物の維持管理	・マルチコプター	・GNSSエラー，コンパスエラーが想定される場合，D-RTK(DJI社)などを装備できる機体が推奨 ・高精度な軌道の飛行が想定される場合，D-RTK(DJI社)などを装備できる機体が推奨 ・カメラアングルの変更が想定される場合，モニターを標準装備していることが推奨 ・クラックなどの把握が想定される場合，望遠レンズなどの使用が可能

2.1.4　撮影計画

マニュアル第22条および第57条で撮影計画を規定している。また，標定点および検証点の配置については第17条および第53条で規定している。本項では目的に応じた計画諸元とその詳細について表2-3にまとめた。

なお，標定点および検証点の観測方法については第19条，第54条で規定され，TS点の設置に準じた観測(作業規程の準則　第91条～第94条)で行うように明記されているので，この規定を十分に理解して運用する必要がる。

2.1.5　UAV撮影の安全確保

UAV写真測量の実施工程においては，マニュアル第２条に規定されている｢公共測量におけるUAVの使用に関する安全基準(案)｣の厳守が重要であり，使用する機体の機能を十分に理解していくことが必要である。事故は機体の性能や機能を十分に理解していないことに起因している。また航空法による航空局申請は積極的に行うことが肝要である。

［名草　一成　(国際航業(株))］

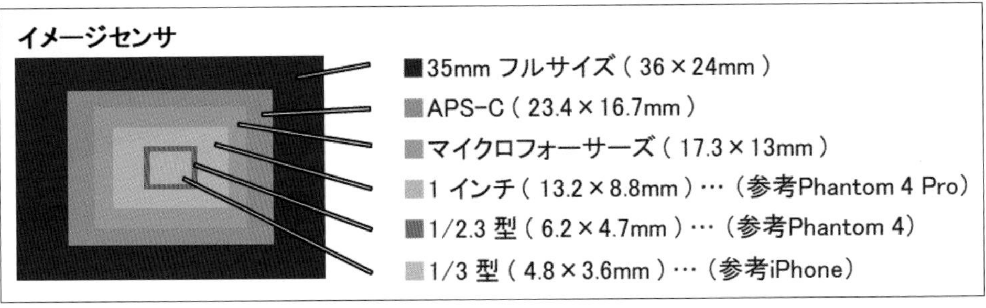

図2-3　イメージセンサの規格

表2-2　目的に応じたカメラの選定

目的	種別	着目点(性能)
数値地形図作成	・イメージセンサの画素は約1200万以上のデジタルミラーレス一眼カメラまたはデジタル一眼レフカメラ	①単焦点かつ広角 ②焦点距離，露光時間，絞り，ISO感度を手動で設定できる ③レンズのブレなどの補正機能を解除できる ④マニュアルフォーカスで，適切にピントを調整 ⑤独立したカメラキャリブレーションを行ったカメラ （日本測量協会のカメラキャリブレーション検定を受けることを推奨）
i-Constraction	〃	①～③(上記)共通 ④オートフォーカスの使用可能 ⑤カメラキャリブレーションの規程は無いため，ＳｆＭによるセルフキャリブレーションの利用が可能
防災・災害対応	〃	①～⑤(上記)共通 ⑥標定点設置ができないことが想定されるため，カメラキャリブレーション検定を受けたカメラの使用を推奨
構造物の維持管理	〃 ・クラックなどの把握が必要な場合は可能な限り高画素の機種を選択する。	①～⑤(上記)共通 ⑥クラックなどの把握が想定される場合，望遠レンズを使用

表2-3　目的に応じたUAV撮影計画諸元

目的	計画諸元	詳細
数値地形図作成	撮影(標準)〈第22条〉	OL60%，SL30%
	地上画素寸法〈第22条〉	地図情報レベル250；0.02m以内 地図情報レベル500；0.03m以内
	標定点の配点〈第17条〉	単コース撮影；NH=NV=(n/2+2) 複数コース撮影；NH=4+2[(n-6)/6]+[(c-3)/3]+[(n-6)(c-3)/30] NV=(n/12)C+2(c/2)
i-Constraction	撮影(標準)〈第57条〉	OL80%以上，SL60%以上(ラップ率の点検が必要) OL90%以上，SL60%以上(ラップ率の点検を省略可)
	地上画素寸法〈第57条〉	要求精度0.05m以内：0.01m以内 要求精度0.10m以内：0.02m以内 要求精度0.20m以内：0.03m以内
	標定点および検証点の配置〈第53条〉	位置精度／隣接する外側標定点間の距離／任意の内側標定点とその点を囲む各標定点の距離 0.05m以内／100m以内／200m以内 0.10m以内／100m以内／400m以内 0.20m以内／200m以内／600m以内 検証点；標定点とは別に標定点点数の半数を範囲内に均等に配置
防災・災害対応	撮影(標準)	SfMを利用するため，i-Constractionと同様の考え方
	地上画素寸法	目的に応じて設定
	標定点および検証点の配置	SfMを利用するため，i-Constractionと同様の考え方を基本とするが，状況や使用するUAVの装備により適宜
構造物の維持管理	撮影(標準)	SfMを利用するため，i-Constractionと同様の考え方
	地上画素寸法	目的に応じて設定
	標定点の配点	SfMを利用するため，i-Constractionと同様の考え方を基本とするが，状況や使用するUAVの装備により適宜

2.2　UAV搭載型レーザスキャナを用いた公共測量マニュアル(案)

2.2.1　本マニュアルを読む前に

UAVに搭載したレーザスキャナによる測量(以下「UAVレーザ」という)は，UAVの高性能化と，搭載するレーザスキャナの小型化，高精度化を背景に2014(平成26)年頃から取り組まれてきた。さらに2017(平成29)年には『作業規程の準則』(以下「準則」という)第17条を準用し，新技術としてUAVレーザが公共測量に適用されるようになった。このように急速に普及が進むUAVレーザに適切な精度管理が必要との見解から，『UAV搭載型レーザスキャナを用いた公共測量マニュアル(案)』(以下「本マニュアル」という)が2018(平成30)年３月に国土地理院から公開された。[https://psgsv2.gsi.go.jp/koukyou/public/uavls/index.html]

本マニュアルには，留意点をわかりやすくまとめた手引きがあり，マニュアルと同一サイトで公開されている。UAVレーザによる公共測量を初めて実施する場合，その手引きを最初によく読んで頂きたい。手引きの重要ポイントは以下のとおりである。

◆UAVレーザは，航空レーザ測量の一種である

◆準則に規定されている「航空レーザ測量」について一定の理解を有していることが前提

◆費用の全部又は一部を国又は公共団体が負担して行う，一定以上の精度を有する測量は公共測量であり，公共測量は事前の計画書の提出等，諸手続きが必要である

UAVレーザのほか，他の測量の利点にも触れており，測量方法選択のフローチャート(図２-４)を参考にされたい。なお，「UAV又はレーザスキャナの利用ありきで作業を計画することは奨励しません」とあり，現地や必要精度に適した測量方法を選択すべきである。

2.2.2　本マニュアルの概説

１）測量計画機関と測量作業機関

本マニュアルの特徴は，発注者である測量計画機関(以下「計画機関」という)と，測量作業を行う測量作業機関(以下「作業機関」という)の役割が項目別に明確に記載されている点である。

◆計画機関：成果品の内容，精度等を明らかにした要求仕様書を作成する

◆作業機関：要求仕様書を満たす具体的な作業方法等を定めた作業仕様書を作成する

両機関の役割を明確する事で，従来の準則(各作業工程で使用機材，作業方法を細かく規定)と比較して，使用機材，作業方法にある程度の自由度を設けている。

２）UAVレーザマニュアルの構成

本マニュアルは図２-５に示す内容で構成される。「第１章総則」は，公共測量を過去に実施した作業機関なら，よく目にした内容である。一方，公共測量の経験が浅い作業機関は，第１章の全体的な方針，基準，精度管理を確実に把握する必要があるため，注意されたい。

３）計画機関における役割【第２章】

第２章の要求仕様の策定は，計画機関で作成する内容であり，目的を明確化にするほか，主に以下事項について記載する必要がある。

◆成果品の品目：オリジナル，グラウンド，グリッド，等高線データ等の成果品目を定める

◆要求点密度：３次元点群における標準的な点密度，また点密度の達成率を定める(図２-６)

◆要求精度：利用目的に応じた要求精度を定める

有人航空機による「航空レーザ測量」は，グラウンドデータの作成が必須となる場合が多いが，UAVレーザは多様な計測が想定されるため，必須作業はオリジナルデータの点検までの規定で留めており，グラウンドデータの作成は要求仕様により実施可否を定める。

オリジナルデータからフィルタリング作業により作成するグラウンドデータは，レーザス

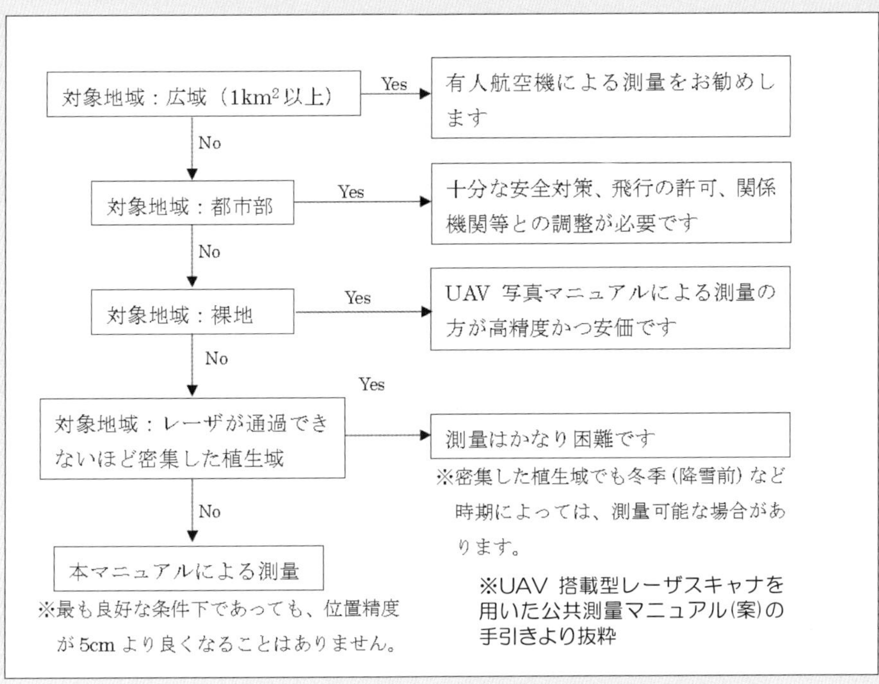

図2-4　地表面の３次元点群データを作成する場合の測量方法の選択

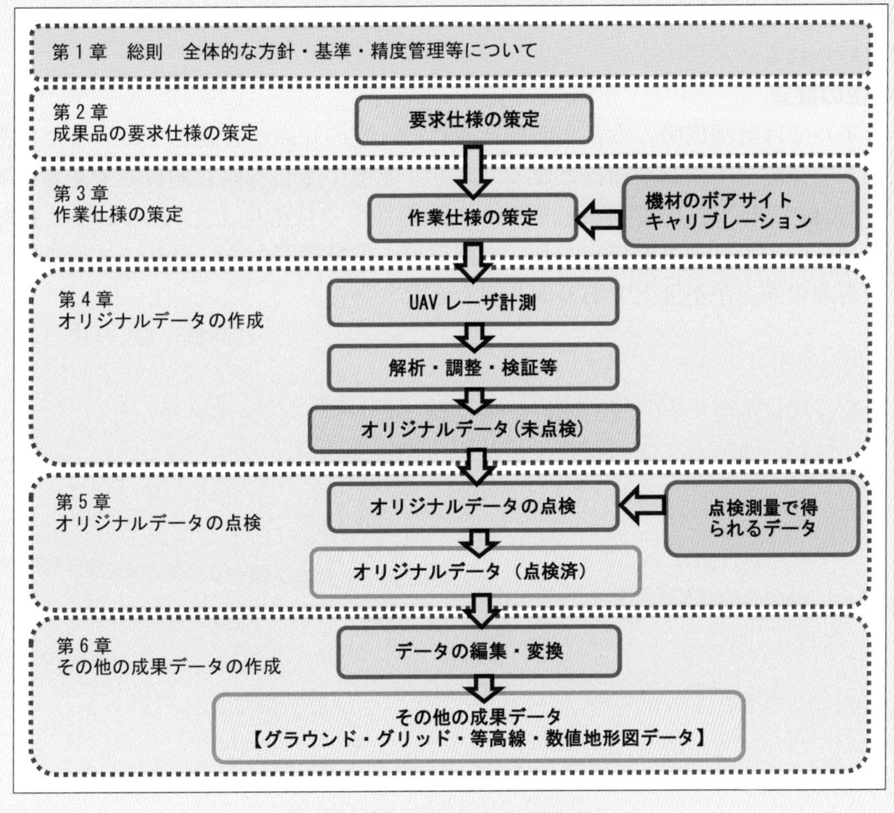

図2-5　本マニュアルの構成

（『UAV搭載型レーザスキャナを用いた公共測量マニュアル（案）』掲載の図を参考に作成）

キャナを使った計測の最大の特徴であり(図2－7)，大いに活用すべきデータであるが，フィルタリング作業の品質がグラウンドデータの品質に影響するため，注意が必要である。

より多くの成果品，高密度，高精度の成果品は，様々な過程で使用できるが，一方で過度な要求はコスト増となるため，バランスに配慮しなければならない。なお，過剰な密度[500点／m^{2}以上の高密度な要求点密度]，過剰な精度[±５cm以内(最大値)]は不適切としているため注意が必要である。

4）作業機関における主な内容や留意事項【第３章～第６章】

第３章では計画機関が策定した要求仕様の内容を踏まえ，作業機関がUAVレーザ機材の選定，準備，具体的な作業方法について作業仕様としてとりまとめる。ここでボアサイトキャリブレーションについて詳細に記載がされているのは，僅かな角度誤差が点群データの品質に影響するためであり(図2－8)，IMU取り付け角の調整値算出は注意する必要がある。

第４章は，オリジナルデータの取得方法と留意事項について記載されている。例えばUAVレーザではGNSS衛星の捕捉環境に注意が必要であり，事前に計測場所，時間に対応した衛星捕捉数を調査し，飛行時間等を調整する事で最適軌跡解析(位置)の精度向上が可能となる。その他，第４章に記載された各工程を確実に実施し，精度管理する必要がある。

第５章は，オリジナルデータの点検測量について記載されている。公共測量では，成果品の品質を確保するために点検測量が必要であるが，本マニュアルでは複数の点検測量法が提示されているため，作業仕様作成時には点検測量方法についても計画する必要がある。

第６章は，オリジナルデータ以外のその他の成果データの作成等について記載されている。特に第53条は重要成果品となるグラウンドデータの検証方法について触れており，確実な実施が求められる。

2.2.3　今後の展望

本マニュアルでは計画機関の役割が明確化され，一定の知識が必要となる。また作業機関においても航空レーザ測量の知識が前提となっており，難解に感じる面もあると考えられる。一方でUAVレーザをはじめとするICT関連技術は，日進月歩で技術向上していることもあり，本マニュアルは今後改定される事も想定され，計画機関，作業機関ともに最新の技術動向に注視するともに，技術力の向上が不可欠であり取り組む必要がある。

[髙橋　弘　(中日本航空(株))]

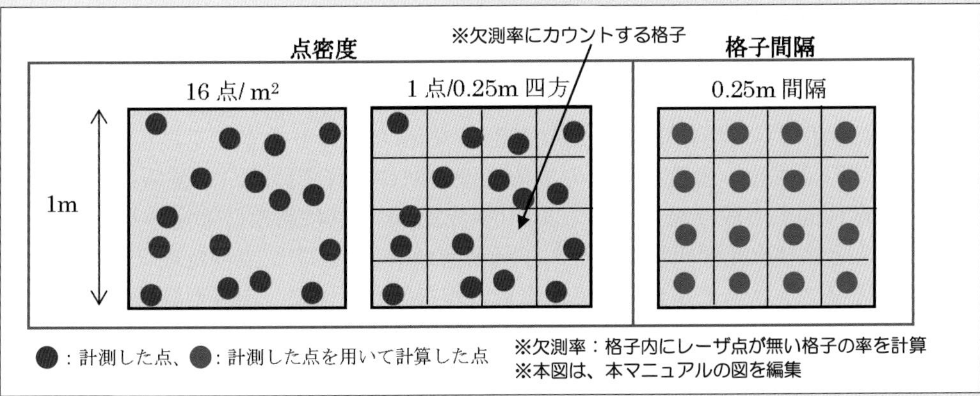

図2-6　点密度と格子，欠測率（点密度の達成率）のイメージ

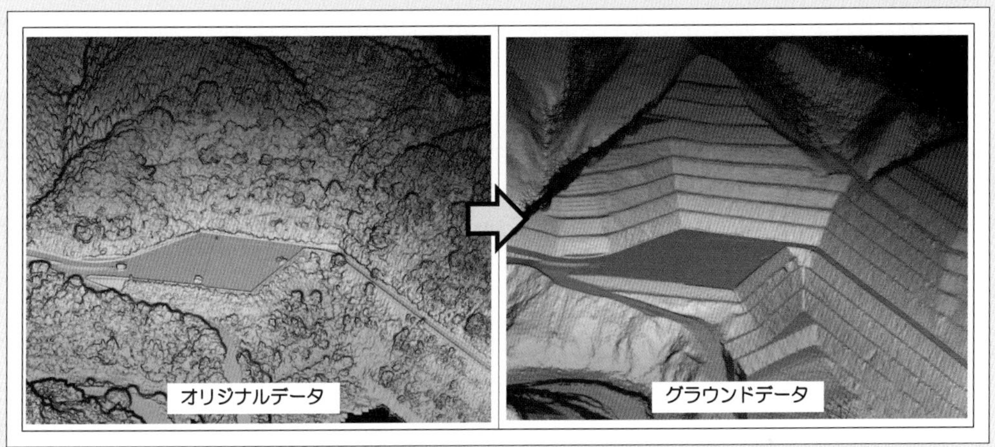

図2-7　オリジナルデータとグラウンドデータ

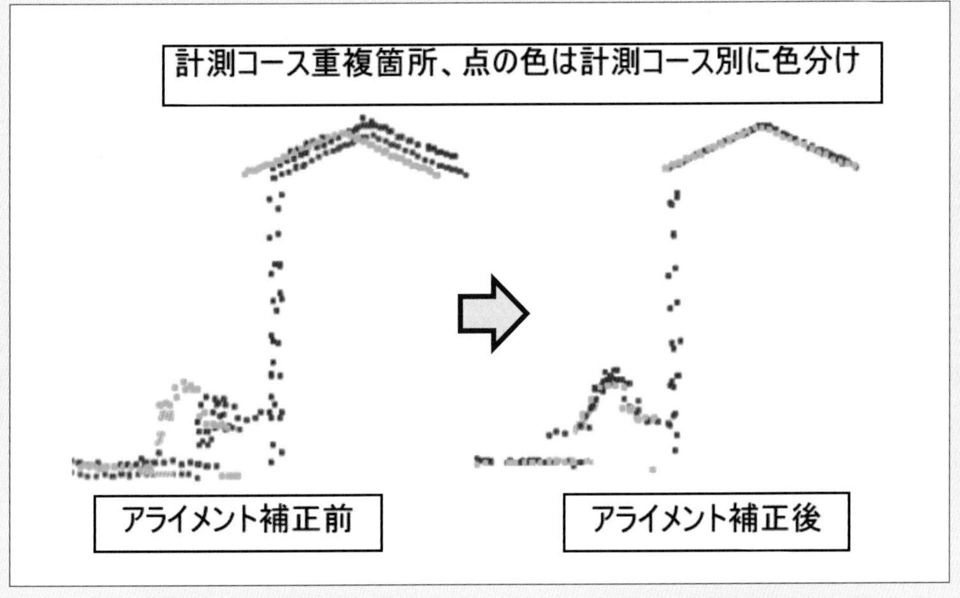

図2-8　IMU取り付け角の補正によるオリジナルデータの品質向上例

2.3 空中写真測量(無人航空機)を用いた出来形管理要領(土工編)(案)

2.3.1 総則

1) 目的

ICT技術を活用した情報化施工は，2008(平成20)年度より始まっており，高精度の施工やデータ管理の簡素化・書類作成等の負荷軽減が期待されている。本要領は，i-Constructionによる生産性向上の取り組みとして2016(平成28)年3月に新たに策定され，UAVによる空中写真をもとに3次元形状復元を行う写真測量ソフトウエア，点群処理ソフトウエアおよび出来形管理ソフトウエア等を用いて出来形管理を行う手法や，出来形管理基準および規格値等を規定している。その後，建設現場での実績や改善点を反映し，改正が行われている。

2) 適用の範囲

本要領による適用工種は，表2-4に示す通りである。計測手法は，空中写真測量(UAV)のみを対象としている。対象となる作業の範囲は，施工計画，準備工の一部，出来形計測，出来高算出および完成検査準備・完成検査だが，日々の出来高把握等の自主管理へ活用することも可能である。

2.3.2 空中写真測量(UAV)による測定方法

空中写真測量(UAV)を用いた出来形管理は，UAV，デジタルカメラ，ソフトウエア(写真測量，点群処理，3次元設計データ作成，出来形帳票作成，出来形算出)を用いて行う。UAVおよびデジタルカメラは，計測性能は地上画素寸法10mm／画素以内，測定精度±50mm以内とされている。

2.3.3 空中写真測量(UAV)による工事測量

起工測量は，工事着手前の現場形状を把握するために行う。計測密度と精度は，表2-5の通りである。地上画素寸法は，『UAVを用いた公共測量マニュアル(案)』を参考に，要求精度に応じて決定する。起工測量計測成果は，点群データから不要点を取り除きTINで表現されるデータを作成する。

2.3.4 空中写真測量(UAV)による出来形管理

1) 3次元設計データ

設計図書(平面図，縦断図，横断図等)や線形要素をもとに，出来形評価データとの比較が可能な3次元設計データを作成する。面的に作成された3次元設計データ(TIN)と起工測量による地形データ(TIN)を重ね合わせ，地形との擦り付けが適切に作成されていることを確認することが必要である。

2) 空中写真測量(UAV)による出来形計測

出来形計測による撮影のラップ率は，図2-9のように進行方向は90%以上(ラップ率を確認する場合は80%以上)，隣接コースとのラップ率は60%以上とする。標定点および検証点は，表2-6を目安に設置する。撮影に際しては，風等の気象条件や陰影の影響および地面が覆われておらず鮮明な画質であること等に留意する。撮影した空中写真は，写真測量ソフトウエアにより点群データを作成し，点群処理ソフトウエアで不要な点を除去し，3次元の計測点群データを作成する。作成したデータは，検証点の座標値で精度確認を行う。なお，本要領における出来形計測範囲は，法肩，法尻から水平方向にそれぞれ±5cm以内の評価点は評価から外してもよい。

2.3.5 出来形管理資料の作成

3次元設計データと出来形評価用データを用いて，出来形評価資料として出来形管理図表

(ヒートマップ等)を作成する。出来形計測と同位置において，施工前の地形データが空中写真測量(UAV)で計測されている場合は，契約条件により，出来形数量を算出することができる。数量算出方法は，点高法，TIN分割等を用いた求積等がある。

2.3.6 管理基準および規格値等

本要領にもとづく出来形管理基準および規格値は，『土木工事施工管理基準及び規格値(案)』に定められたものとし，測定値はすべて規格値を満足しなければならない。

［渡辺　智晴　(アジア航測(株))］

表2-4　適用工種区分

編	章	節	工種
共通編	土工	道路土工	掘削工
			路体盛土工 路床盛土工
		河川・海岸・砂防土工	掘削工
			盛土工

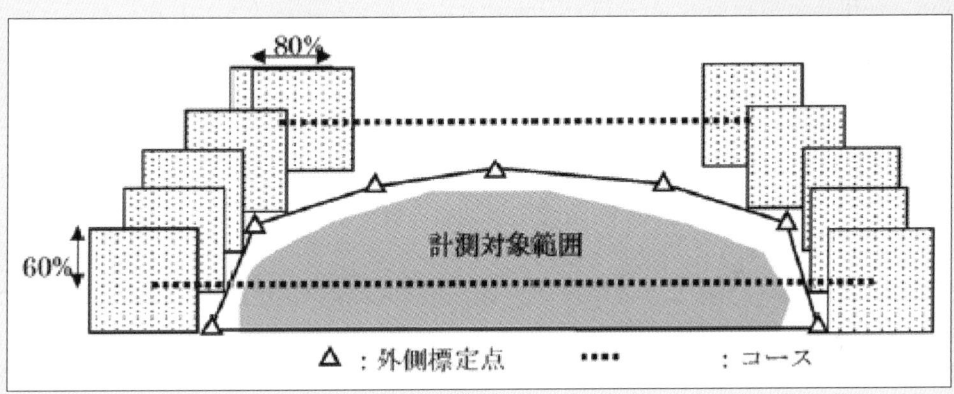

図2-9　参考)撮影する写真のイメージ※

表2-5　計測密度と精度

工 種	計測密度	精度(x, y, z)
起工測量	0.25m^{2}に1点以上(0.5mメッシュ)	±100mm以内
岩線計測	0.25m^{2}に1点以上(0.5mメッシュ)	±100mm以内
部分払い出来高計測	0.25m^{2}に1点以上(0.5mメッシュ)	±200mm以内
出来形計測	0.01m^{2}に1点以上(0.1mメッシュ)	±50mm以内

表2-6　参考)地上画素寸法と標定点・検証点の配置※

位置精度	地上画素寸法	隣接する外側標定点間の距離	任意の内側標定点とその点を囲む各標定点との距離
0.05m以内	0.01m以内	100m以内	200m以内
0.10m以内	0.02m以内	100m以内	400m以内
0.20m以内	0.03m以内	200m以内	600m以内

※UAVを用いた公共測量マニュアル(案)平成29年3月改正より引用

第3章　防災分野での利活用

3.1　概要

最近，大規模な災害がしばしば発生している。本書を執筆中の2018(平成30)年の１カ年だけでも表３-１に示すような甚大な災害が発生した(図３-１～３-２)。そのほかソメイヨシノの開花時期が例年に比べて１週間ほど早く進んだり，真夏の最高気温が埼玉県熊谷市で41.1℃まで上昇したりと，異例な現象も目立った年でもある。物理学者で随筆家の寺田寅彦の有名な言葉とされている「天災は忘れた頃にやって来る」があるが，少なくとも2018(平成30)年は「天災は忘れないうちに次々にやって来る」と換言できるような１年であった。まさに，“災”の字がその年を代表する文字にもなった。

災害が発生すると，その被災現況の把握や復旧のための支援に，発災直後から出動するのが測量界である。それだけに社会的な使命と責任の重い仕事であり，日夜寝食を忘れるほどに災害現場で活躍する姿には心打たれる方も多いことと思う。発災直後の最前線でその被災実態の把握や災害査定のための基礎的な測量調査の最適なツールとして活用されているのがUAVである。それだけに実施事例は多く，本書中でも最も多い事例数であり，13事例が取り上げられている。また，(公社)日本測量協会が実施しているUAV実務者セミナー(2018(平成30)年１月～３月に全国５会場で開催)の際のアンケート結果によれば，測量・地理空間情報界では，UAVを利活用したい領域として「公共測量」分野に次いで「防災」分野が高い数値をしめしている(図３-３)。

発災直後の被災状況の把握などにUAVが適用される大きなメリットとして，第一には，「鳥の眼」あるいは「鳥の眼線」から被災実態を測ること，調べることができる点であろう。航空レベルからの測量は写真測量に代表されるように過去から多くの経験と実績を積んでいるが，鳥の飛翔する高さから測量・調査することは私たちにとって未経験のことである。“超低空”を“高解像度”で，しかも“時系列”に被災地を測量・調査することで膨大な空間情報を効率的に把握することが可能となる。それによって被災地の写真地図の作成や被災面積の概定など，発災直後の復旧支援に必要となる貴重な空間情報を提供することができる。

第二として，復旧支援に必要な空間情報はクイック・レスポンスが求められる。そのためには，UAVから被災地直上からの現況把握，広範囲の情報収集，現況図作成・オルソ画像作成，既往情報との重ね合わせなど，観測，処理，解析に何にも増して迅速性が求められ，UAV測量調査の特性が十分発揮できることであろう。加えて，現在のUAVには，多様なセンサを搭載することが可能であり，現在のUAV測量の主要センサであるデジタルカメラ，レーザスキャナ以外にも熱赤外センサや多波長帯センサなどを搭載し，様々な視点からの分析を可能していることである。

UAVは万能でないことも十分に理解しておくことが肝要である。図３-４に示すように，現在，私たちは様々な高度からのプラットフォームに多様なセンサを搭載して被災地を観測することができる。被災地が広範囲になれば航空機からの測量調査が最適であり，時には人工衛星が捉えた画像から解析することもある。要は，この図のように多段的(マルチステージ的)なアプローチを念頭に置き，UAVの特性を活かして利活用することである。

［瀬戸島　政博　((公社)日本測量協会)］

表3-1　2018(平成30)年の主な大規模災害

災害	時期・規模
草津白根山噴火	1月23日噴火～3月
平成30年豪雪	2月～　福井豪雪
島根県西部地震	4月9日　震度5強
大阪府北部地震	6月18日　震度6弱
平成30年豪雨	6月28日～7月8日西日本
平成30年台風	7号、12号、20号、21号、22号
北海道胆振東部地震	9月6日　震度7

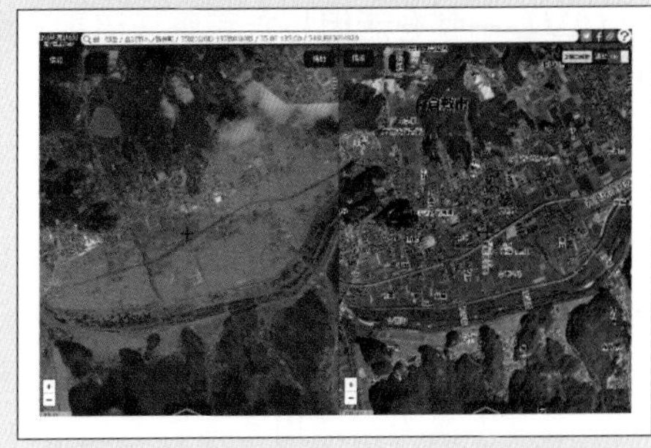

図3-1　2018(平成30)年７月豪雨災害(国土地理院HP)

図3-2　北海道胆振東部地震災害(国土地理院HP)

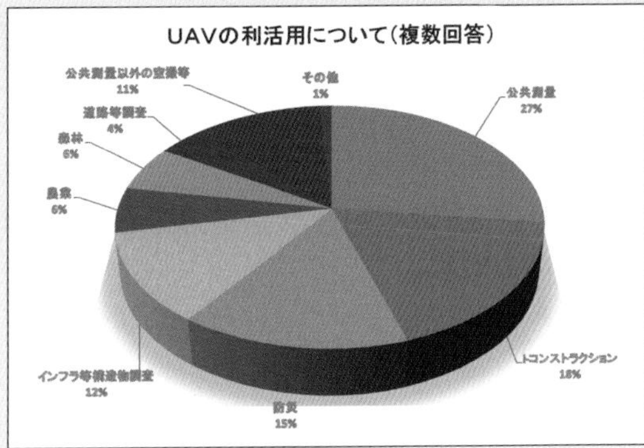

図3-3　UAV実務者セミナーアンケート結果

図3-4　多段的(マルチステージ方式)なアプローチ(国際航業(株))

3.2　UAVレーザを活用した荒廃渓流調査事例

3.2.1　背景・目的

2016(平成28)年９月，政府の未来投資会議で「建設現場の生産性を2025年までに20%向上させるよう目指す」方針が決定された。方針に沿って３年以内に，橋やトンネル・ダムなどの公共工事の現場で，測量にドローン等を投入し，ICTを活用した施工・検査に至る建設プロセス全体を３次元データで繋ぐ新たな建設手法の導入が始まった。

一方，砂防分野でも急峻で落石等のおそれがある自然斜面において，起工測量・出来形管理にUAV等，ICTを最大限活用することにより，工事現場の生産性・安全性を大幅に向上させることが期待される。

国土交通省北陸地方整備局湯沢砂防事務所では，2017(平成29)年度に砂防基本計画の策定等の基礎資料とするため，基礎的な地形データの計測を実施した。この中で既存の測量技術に加え，UAVレーザ計測システム(TOKI)の３次元データ計測技術について，総合的に検討を行った。

本節では上記の検討結果をもとに，清津川流域においてUAVレーザ測量手法等のICTを活用した渓流調査を行い，砂防施設の設計や既往の測量成果との比較による河床変動状況把握等の土砂移動把握など，多様な用途に活用することを目的として３次元データを取得した。さらに，その３次元データを使って数値地形図を作成したので，その調査事例を報告する。

3.2.2　対象地域

対象地域は図３-５，図３-６に示す釜川上流地区と八木沢地区の２箇所で，標高500～1,000mの急峻な山間部に位置し，植生が繁茂しており地上から立ち入りが困難な地形条件である。また，４月中旬頃まで残雪があり自衛隊の訓練空域に位置するため，計測機会が少なくなるリスクが高く，UAVの安全運航と工程管理を着実に実施する必要があった。

3.2.3　解析方法

１）作業フロー

UAVレーザ測量とそれを利用した数値地形図作成作業は，図３-７に示す作業フローに従って行った。

２）UAVレーザ計測システム

計測は図３-８に示すUAVレーザ計測システム【NETIS登録技術NO.CB-170020-A】を使用した。本システムの基本性能は，本事例で求められる地図情報レベル500の精度を確保すること，点群(レーザによる照射点)密度は500点/m^{2}を確保することを満足するものである。

3.2.4　結果および成果

１）公共申請への対応

UAVレーザ測量による数値地形図作成作業は，この時点では公共測量作業規程に記載されていない新技術を用いた作業のため，国土地理院に17条の公共申請を行い実施した。

２）計測の実施

計測飛行前に現地踏査し，現地状況を把握したのち，釜川上流地区が６月６日～９日，八木沢地区が６月23日～28日に実施した。ただし，八木沢地区においては全域飛行が困難であったため有人機による補備計測を行った。また，UAVによる撮影飛行も併せて実施した。

（１）　現地踏査項目

①UAV機材搬入路の確認，②オペレータからの目視飛行の可否，③監視員からの目視の可否，④UAVとプロポ間での遮蔽物の有無など。

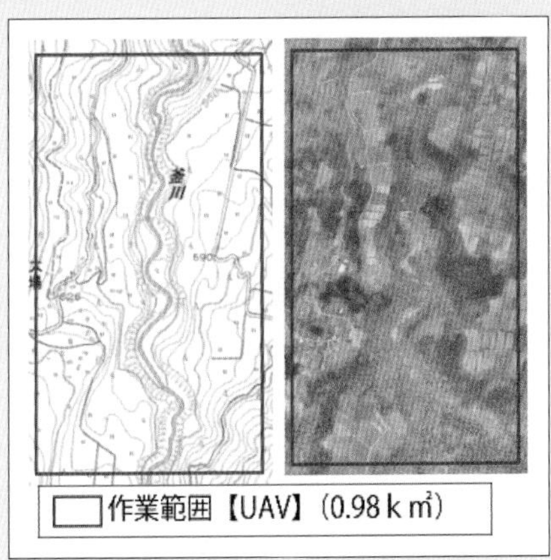

図3-5　釜川上流地区

作業範囲【UAV】(1.00 k ㎡)
作業範囲【有人機】(1.00 k ㎡)

図3-6　八木沢地区

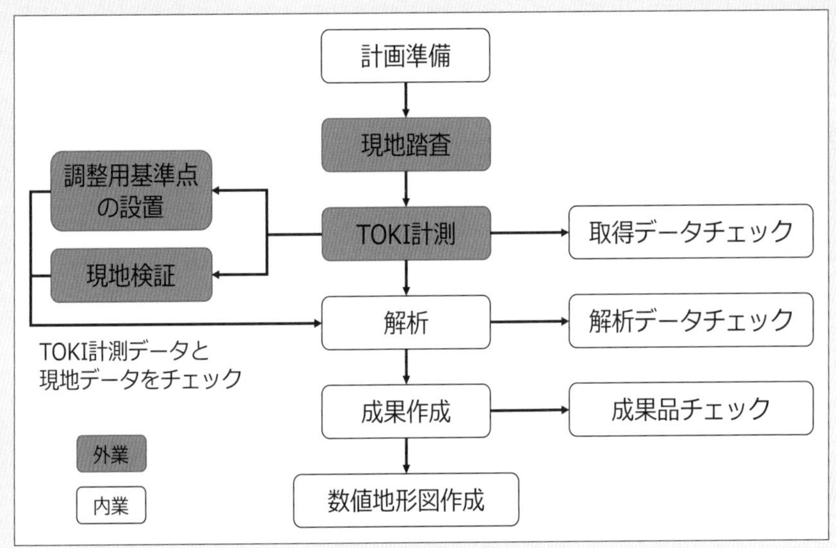

図3-7　作業フロー

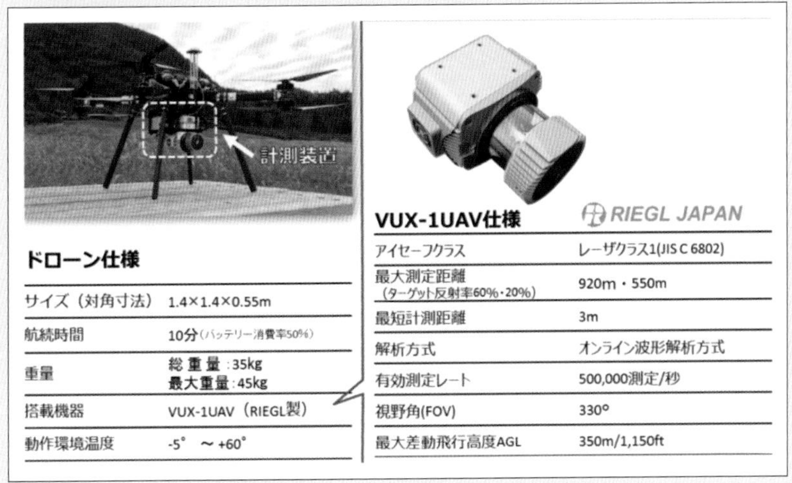

ドローン仕様

サイズ（対角寸法）	1.4×1.4×0.55m
航続時間	10分（バッテリー消費率50%）
重量	総重量：35kg 最大重量：45kg
搭載機器	VUX-1UAV（RIEGL製）
動作環境温度	-5°　～+60°

VUX-1UAV仕様

アイセーフクラス	レーザクラス1(JIS C 6802)
最大測定距離 （ターゲット反射率60%・20%）	920m・550m
最短計測距離	3m
解析方式	オンライン波形解析方式
有効測定レート	500,000測定/秒
視野角(FOV)	330°
最大差動飛行高度AGL	350m/1,150ft

図3-8　UAVレーザ計測システムTOKI

第3章

3）計測データの精度検証

この時点では国土地理院から『UAV搭載型レーザスキャナを用いた公共測量マニュアル（案）』が制定されておらず，計測データの精度管理は公共測量作業規程の航空レーザ測量に準拠して行い，結果は図３－９に示すように十分に精度を満足している。

4）数値地形図の作成

特に地図情報レベル500数値地形図データを作成する上で，砂防構造物や植生に覆われた河川形状を計測するためには，500点/m^2程度の高密度な数値地形モデルおよびS-DEM地形起伏図が必須条件であると考えられる（図３-10，図３-11）。

3.2.5　まとめと今後の課題

1）釜川上流地区では本システムの使用により，従来工法のTSを使った縦横断測量と比べ外業が201人工→35人工，内業は113人工→65人工と短縮し，全体で214人工（68%）の短縮が可能となり，生産性の向上に繋がったと評価できる。

2）UAVの活用において，山間地では好条件な離着陸場が確保できない場合が多く，計測できない地区（積雪，視認不可，航続距離）が発生する。この代替計測方法の検討やフライト条件（樹高が高い・送電線が近い等）は，机上計画と異なる場合が多いことに留意する必要がある。

謝辞・参考文献

本報告について，国土交通省北陸地方整備局湯沢砂防事務所様に「2017（平成29）年度清津川流域航空レーザ測量業務」の検討結果の提供及び多くの助言を頂きました。記して謝意を表します。

・「第４回測量・地理空間情報イノベーション大会資料集」2018（平成30）年６月，pp. 73-76

［中舎　哉　（中日本航空(株)）］

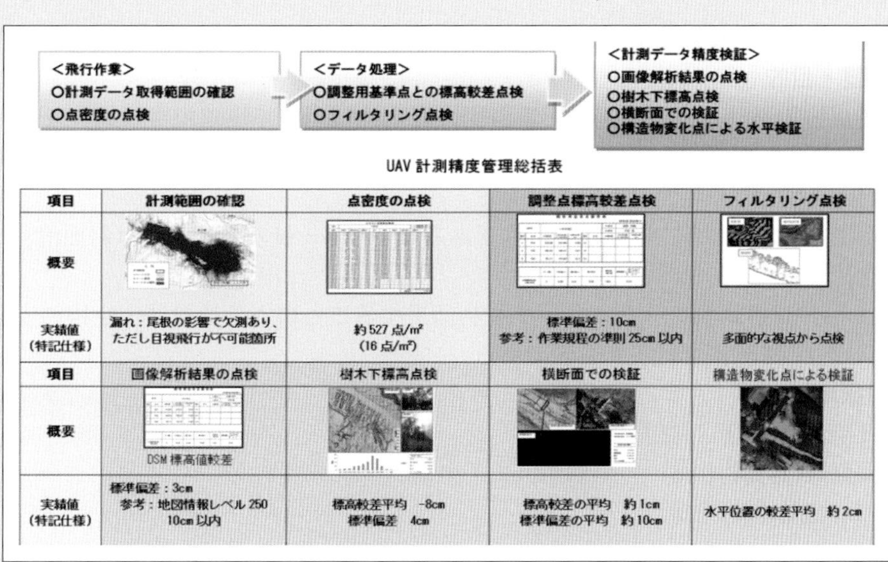

UAV 計測精度管理総括表

項目	計測範囲の確認	点密度の点検	調整点標高較差点検	フィルタリング点検
概要				
実績値（特記仕様）	漏れ：尾根の影響で欠測あり、ただし目視飛行が不可能箇所	約 527 点/m² (16 点/m²)	標準偏差：10cm 参考：作業規程の準則 25cm 以内	多面的な視点から点検
項目	画像解析結果の点検	樹木下標高点検	横断面での検証	構造物変化点による検証
概要	DSM 標高値較差			
実績値（特記仕様）	標準偏差：3cm 参考：地図情報レベル 250 10cm 以内	標高較差平均　-8cm 標準偏差　4cm	標高較差の平均　約 1cm 標準偏差の平均　約 10cm	水平位置の較差平均　約 2cm

図3-9　計測データ精度検証結果

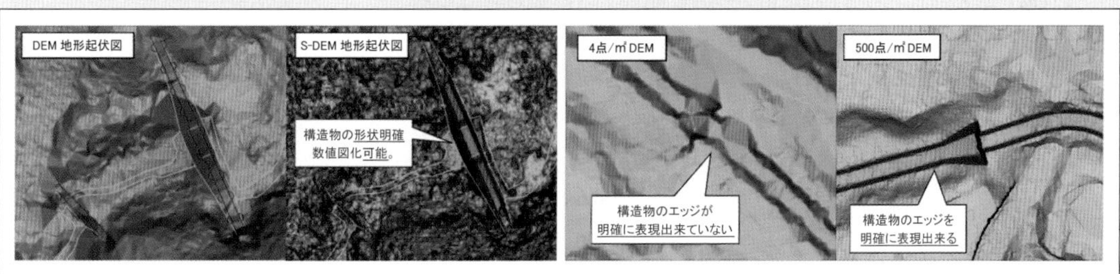

図3-10　構造物の形状が明確な例

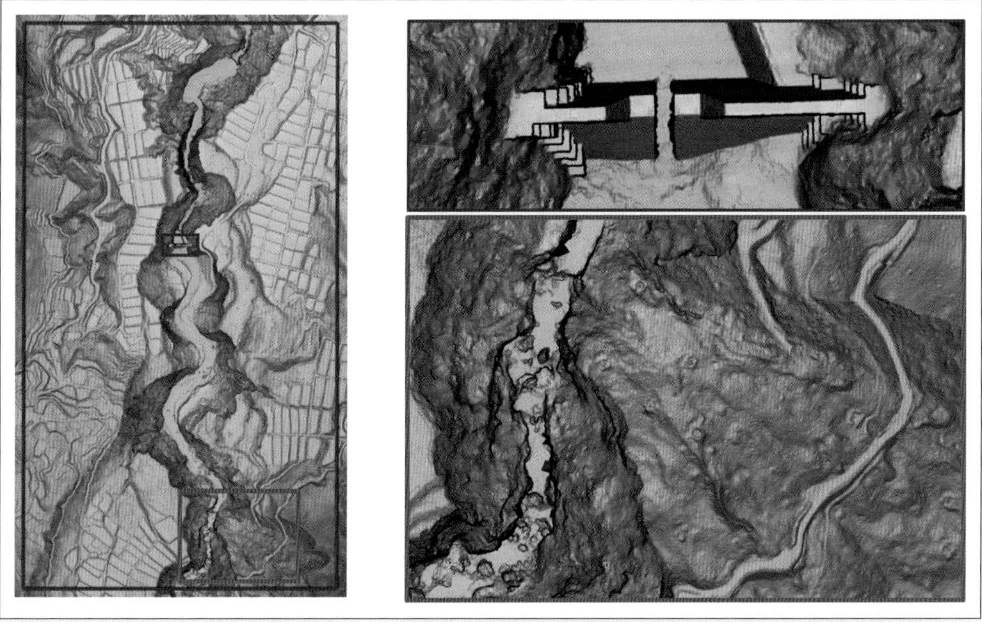

図3-11　地形起伏図表示

3.3　UAVレーザによる道路防災点検事例

3.3.1　背景・目的

道路防災点検業務は，道路に隣接する斜面の安全性について現地で点検調査を行うもので，国・自治体によって定期的に実施されている。調査方法は徒歩目視点検を基本に行われるため，一定期間内に点検できる範囲は限定的である。

また，点検対象地域の多くは急峻な斜面であることが多く徒歩目視点検は斜面滑落や落石等の危険も伴う。

本事例は，UAV搭載型レーザスキャナを利活用することによる道路防災点検の安全性及び生産性の向上について検証を行ったものである。

3.3.2　対象地域

岐阜県揖斐郡地内（図３-12）

植生：広葉樹（樹高約10m）

斜度：70～45度（図３-13）

面積：14ヘクタール

地形は，急峻でオーバーハングしている箇所もある。

広葉樹が繁茂しており，上空からは地盤は目視できない。

3.3.3　解析方法及び解析結果

１）計測諸元，使用機器等

計測諸元：表３-２

使用機器：表３-３，図３-14

フライト計画：図３-15（高密度に計測するために井桁形状で計画した）

フライト数：３フライト

合計コース：18コース

点群編集ソフト：TrendPoint（福井コンピュータ製）

２）解析方法（オリジナルデータおよびグラウンドデータの作成）

現地で計測したデータについて最適軌跡解析を実施した計測点データからノイズ等の異常な点を除去しオリジナルデータを作成した。

※オリジナルデータの点密度：400点/m^{2}の達成率85%以上（100点/m^{2}の達成率99.9%）

オリジナルデータのうち地表面の高さを示すデータのみを抽出しグラウンドデータを作成した。抽出にあたっては点群編集ソフトの地表面フィルタリング機能を活用した。

※グラウンドデータの点密度：0.1m四方に１点以上　達成率80%以上
0.5m四方に１点以上　達成率99.9%

解析の結果，0.1m四方に１点以上の点群が計測できていると考えられ，10cm程度の変化点について点群上で判別できることが確認できた。

3.3.4　結果および成果

１）結果

４回のフライトで対象地域すべて調査することができ，現場作業は１日で完了した。

今回の検証に使用した機器では，グランドデータで0.1m四方に１点以上の達成率80%以上（0.5m四方に１点以上の達成率99.9%）と非常に高密度な点群データが得られることが確認できた。

さらにUAVレーザを用いることによって，急峻な斜面を踏査することなく地形を取得で

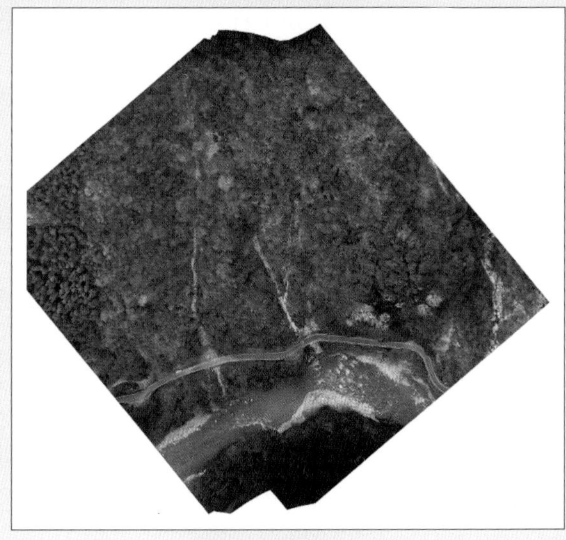

図3-12　簡易オルソ

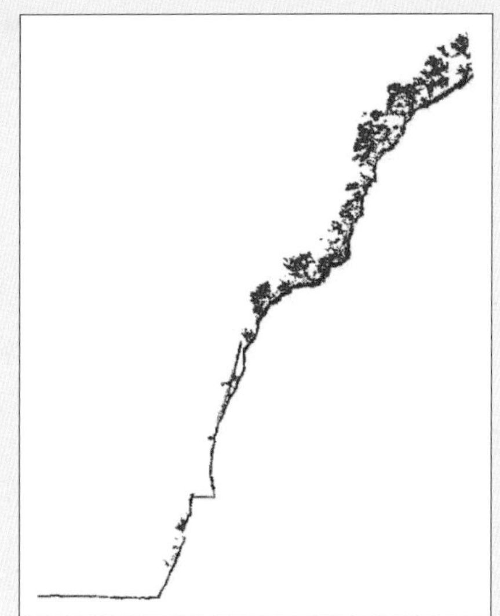

図3-13　標準断面図

表3-2　計測諸元表

計測年月日	平成30年12月15日		
レーザ計測設定	スキャン回転数	計画点密度	計測速度m/s
	50回転/秒	0.1m	5m/s
フライトNo	1	2	3
天候	曇り	曇り	曇り
気温	9℃	9℃	9℃
風速	3m/s	3m/s	3m/s
開始時間	10:45	11:20	12:30
計測時間（分）	25	25	20
離着陸場標高m	128	128	128
平均対地高度m	60	60	60
最大計測標高m	350		
飛行比高差m	222		
総延長距離m	4187		
コースNo	コース延長(m)	コース延長(m)	コース延長(m)
1	145	190	267
2	330	126	279
3	358	357	132
4	363	354	307
5	358	351	318
6	79	297	
7	266		

表3-3　使用機器

型式	MiniVUX-1UAV
測定レート	100,000点/秒
計測視野角	360°
最大スキャンスピード	100scan/秒
最長測定距離	250m
推奨測定高度	100m以下

図3-14　使用機器

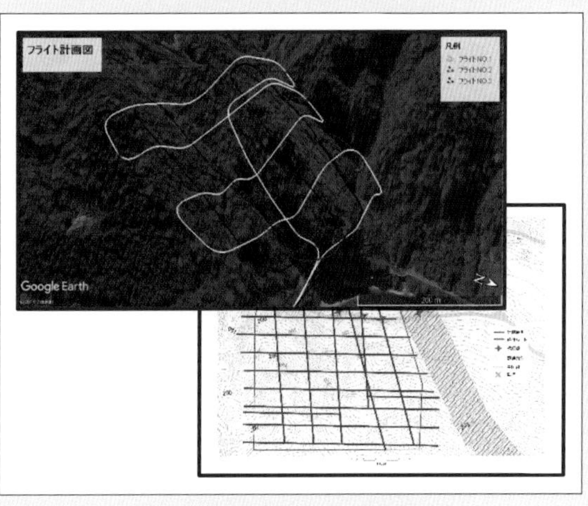

図3-15　フライト計画図

きることが実証できた。徒歩観測では1週間程度かかっていたが1日で調査することができるようになり，安全性および生産性が向上することが検証された。

一方で，点群データのみでは判別しきれない落石・浮石等もあり，現地での確認も必要であることがわかった。

2）成果

成果品として，等高線図(図3-16)，各種着色図(図3-17～3-19)，点群データ(図3-20)が得られた。

成果品上で目視判別した落石等と現地状況(図3-21)を比較し，点群データ上で落石等が判別可能であることが確認できた。

3.3.5　今後の展望

今回の検証では，落石・浮石等の判別は，点群編集ソフト上で人間の目視によって行なった。目視判別では見落としの発生も考えられ，落石・浮石の自動判別が望ましい。今後，自動判別を含んだより適切なフィルタリング等のアルゴリズム構築を期待するものである。

謝辞

フライト・計測協力：株式会社テイコクテクノ

［安藤　港増　(CSGコンサルタント(株))］

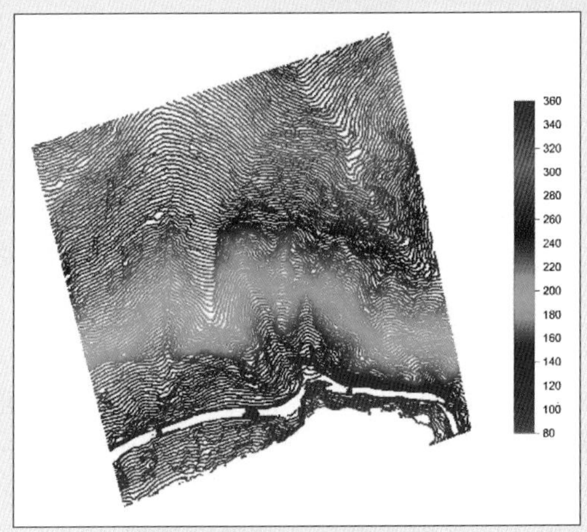

図3-16　等高線図

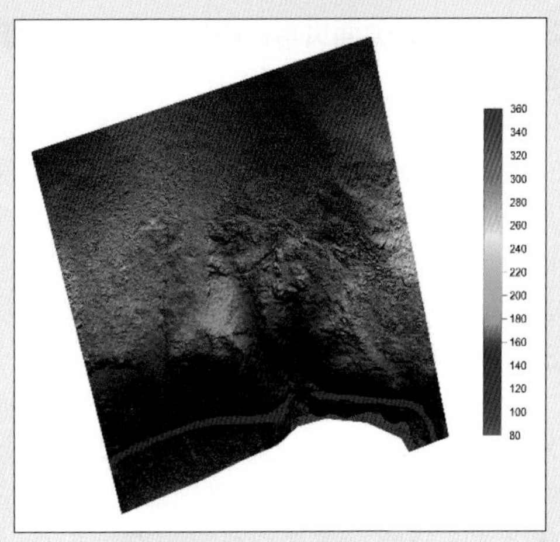

図3-17　着色図(1)

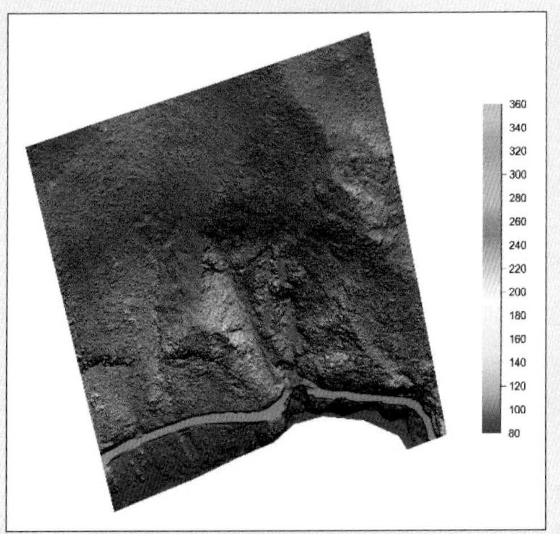

図3-18　着色図(2)

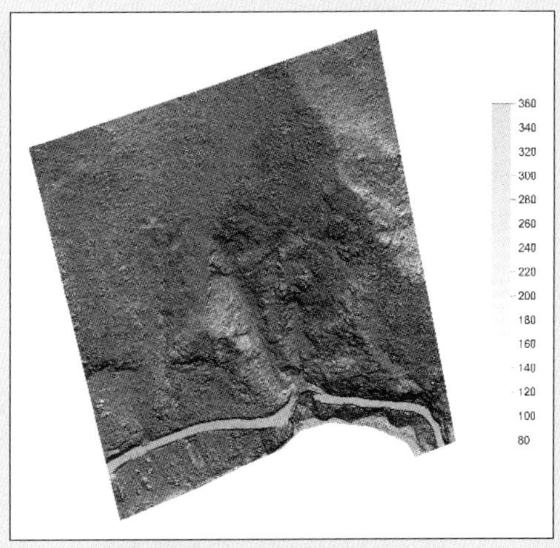

図3-19　着色図(3)

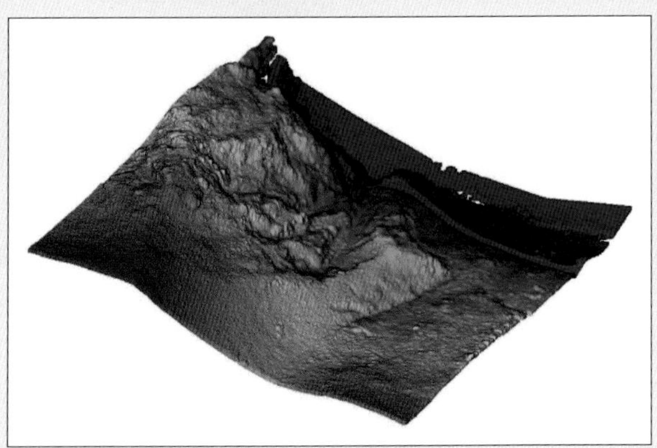

図3-20　点群データ

図3-21　現地状況

3.4　大規模斜面災害におけるUAV活用事例

3.4.1　背景・目的

2016(平成28)年４月の熊本地震で発生した阿蘇大橋地区右岸斜面の大規模崩壊地を受け，国土交通省九州地方整備局は直轄砂防災害関連緊急事業を実施した。更なる崩壊の危険性があり崩壊地への立ち入りが禁止される中，工事は無人化施工で進められた。工事では，設計計画検討のための現況把握や，現場安全管理及び工事進捗状況の把握を目的としUAV写真撮影とSfM解析による地形解析が活用された。本稿ではその取り組みを紹介する。

3.4.2　対象地域

対象斜面は，阿蘇カルデラの西端に位置する(図３-22)延長約700m，幅約200mの大規模崩壊地である(図３-23)。最大崩壊深は，被災前後の航空レーザ測量差分解析より約20mと推定され凹型地形を呈す。崩壊地外縁部は樹高20m以上のスギ・ヒノキの針葉樹林，頂部付近はササを主体とする植生で被覆されていた。また，当該地は熊本空港周辺の高さ制限区域内に位置し，UAVの飛行許可申請に際し飛行高度は対地高度50mまでと制限された。

3.4.3　解析方法

１）使用機器

UAV及び撮影機器の基本諸元を表３-４に示す。飛行基地は，崩壊斜面内が立入禁止区域であること，機体操作時の安全確保，画像伝送・テレメータ電波の伝搬特性を踏まえた見通しの確保などの観点から，崩壊斜面に相対する対岸に設置した(図３-24)。

２）解析方法

（１）　計測および解析の流れ

斜面での測量飛行はコンターフライトが基本であるが，横断方向は崩壊地形や外縁部樹木の影響で高度変化が激しく，飛行リスクが高いことから，標高差は大きいが変化が一定で，等高度飛行が比較的容易な縦断方向の飛行コースを計画した(図３-25)。

飛行は，基地から最遠点までの距離が800m以上の長距離であるため飛行プログラムによる自律飛行とし，画像伝送とテレメトリーによる遠隔監視と，双眼鏡による直接監視の安全対策を実施した。撮影は，表３-５に示す通り，豪雨直後，対策工検討時，対策工の節目毎に計８回実施し，取得画像に対し精度検証やSfM解析，GIS解析を実施した(図３-26)。

（２）　GCP(Ground Control Point)設置

作業規程に準じたGCPの配置計画は崩壊斜面内が立入禁止区域であることから，緊急性を重視した１回目は，地震直後の航空レーザ計測成果の刺針で概ねの精度を確認し，精度が重視された２回目以降は対策工の進捗を踏まえて配置を見直した。５回目以降は崩壊斜面内部にも無人化施工機械を用いて内部GCPの配置を行った(図３-27，３-28)。

3.4.4　結果および成果

１）UAV計測成果

UAV計測成果から撮影画像をPix4DによるSfM解析を実施し，３次元地形データ，高解像度オルソ画像を作成した。GCPの配置見直しや追加を適宜行った結果，本事例での最終的な計測精度は，水平位置で概ね５cm，標高で概ね20cmで，当初目標とした１/500～1000の精度を満たすことができた。GCP配置および精度検証方法には改善の余地があるが，UAV計測成果による解析結果は，緊急対策工事へ活用する上で概略設計に必要な平面図としての精度を確保したデータを得ることができた。

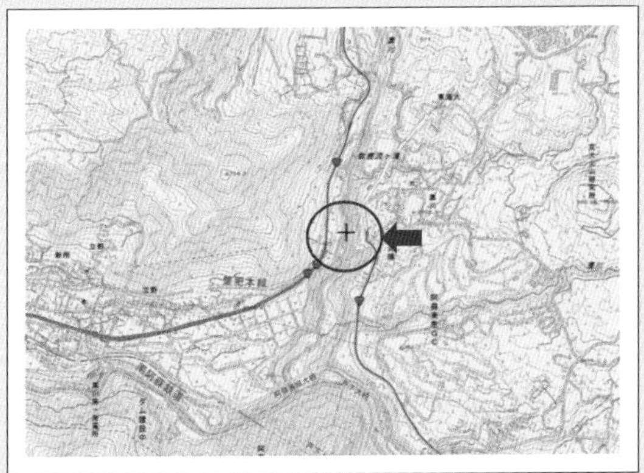

図3-22　計測対象地域（地理院地図より）

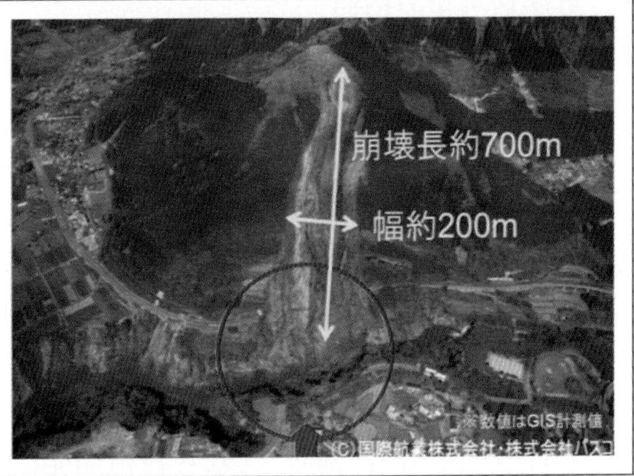

図3-23　計測対象地域の状況

表3-4　UAV機器仕様

UAV機器	エンルート社製Zion QC730	アミューズワンセルフ社製αUAV
最大飛行時間	30～40分	35分
最大積載量	2.0kg	2.5kg
使用カメラ	ソニー社製α6000	パナソニック社製Lumix DMC GX 7
カメラ画質	6000×4000pixel	4592×3448pixel
焦点距離	16mm	14mm
その他	GoPro社製 Hero3搭載	レーザスキャナ：TDOT搭載

図3-24　計測機材の配置

図3-25　UAV基地と飛行軌跡

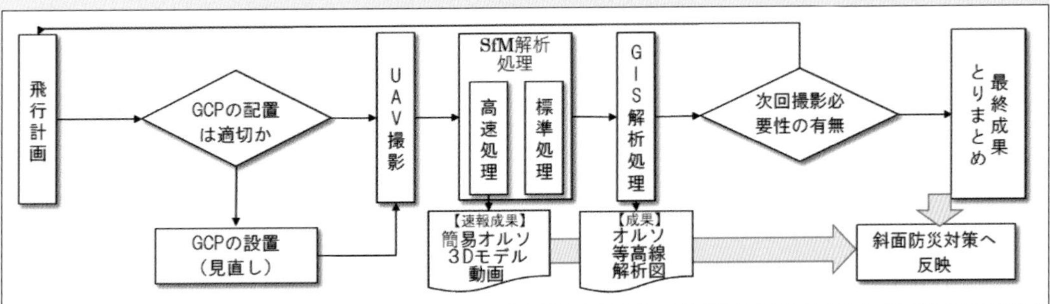

図3-26　計測および解析フロー

2）崩壊地の状況把握

工事の節目毎にUAVで低高度から撮影した高解像度の画像情報は，工事進捗状況の把握と崩壊斜面の豪雨等による新たな変状の確認，追加対策工の検討を行う際に有効であった。とくに，垂直撮影と並行実施した斜め撮影で得られた画像は，垂直撮影画像では確認が困難なオーバーハング状の滑落崖周辺の地形断面や浮石の状況把握に有効であった(図3-29)。

3.4.5 今後の展望

UAV計測は，災害直後の状況把握や対策工事の進捗把握，解析結果を検討資料として利用するのに有効であった。UAV機器は，飛行時間やペイロード，測位精度などの性能向上が日々図られている。また，GCPや空域管制・制御技術等の運用技術や，搭載される各種センサの小型化のほか性能向上も著しい。これら技術開発により，災害調査をはじめとして，様々な分野におけるUAVの有用性は今後さらに高まっていくものと考えられる。

参考文献

・国土交通省九州地方整備局熊本地震情報,阿蘇大橋地区復旧技術検討資料
http://www.qsr.mlit.go.jp/bousai_joho/tecforce/sabo/index.html (2018(平成26)年2月7日閲覧)
・政野敦・堀川毅信・鳥田英司他，2017．応用測量論文集，航空レーザ測量及びUAVを併用した斜面災害対応の活用事例，JAST Vol. 28，pp 149〜158

［伊藤友和，鳥田英司(国際航業(株))，野村真一(国土交通省　熊本復興事務所)，北澤俊隆((株)熊谷組)］

表-3-5　GCPおよびUAV計測の状況

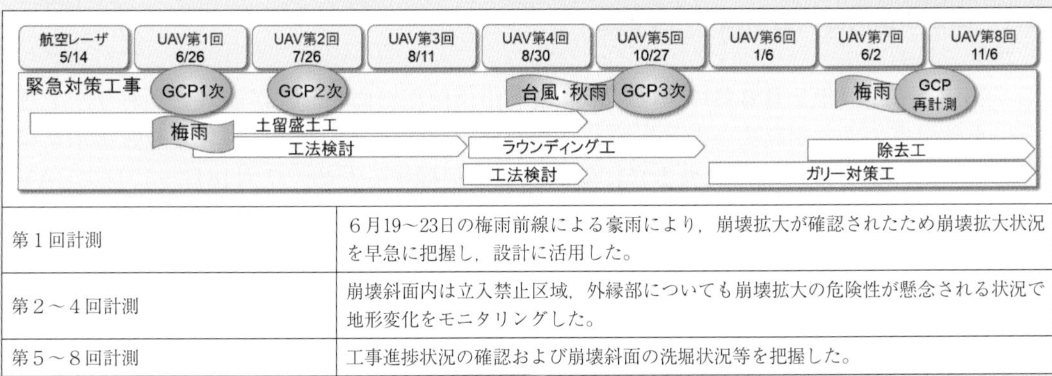

第１回計測	６月19～23日の梅雨前線による豪雨により，崩壊拡大が確認されたため崩壊拡大状況を早急に把握し，設計に活用した。
第２～４回計測	崩壊斜面内は立入禁止区域，外縁部についても崩壊拡大の危険性が懸念される状況で地形変化をモニタリングした。
第５～８回計測	工事進捗状況の確認および崩壊斜面の洗堀状況等を把握した。

図3-27　配置状況例

図3-29　ラウンディング工前後鳥瞰図

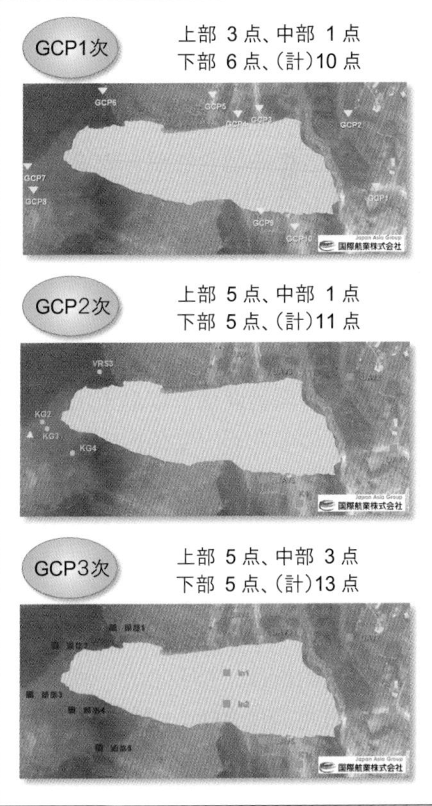

図3-28　GCPの配置変化

第3章

3.5 土砂災害警戒区域での実証実験

3.5.1 広島市山間部災害斜面レーザ調査

1）背景・目的

2018(平成30)年7月6日の豪雨により広島市山間部斜面の一部が崩落しており，7月11日に土砂災害の恐れが高まったとして，対象斜面周辺学区の5地区に対して避難指示を発令された。広島県では，現地調査までに斜面状況を把握するため，7月16日～17日にUAVレーザ計測・写真測量を実施し，4日間の短期間で解析を行い対象地域斜面の地表状況・地すべり部の状況報告を行った。7月22日の現地調査では，レーザ計測・写真測量結果と現地調査の状況から，翌日7月23日に大雨が降らない限り地すべりが動き出す可能性はないとして発令されていた避難指示が解除，一部地区は避難勧告に切り替えられた。ここでは，今後の監視体制・対策工等の二次災害防止基本計画の基礎資料を提供した事例を報告する。

2）レーザ計測

（1） システム概要

機体には，GNSS・IMU・気圧高度計・電子コンパス等のセンサを搭載しており，自律飛行により計測し，飛行中の機体情報(GNSS・ルート・バッテリー残量)をリアルタイムで確認しながら安全に飛行した(図3-32)。

システムは，レーザスキャナ(図3-33)および位置姿勢計測装置(GNSS/IMU)で構成され，RIEGL社製レーザスキャナVUX-1は，軽量小型(3.6kg)，発射回数は55万発/秒，測定最大距離は920m，スキャニング機構は回転ミラー方式で計測視野角が330°と広角のデータが取得できる。

（2） 飛行諸元

対象範囲は，広島市山間部斜面を対象とした計測範囲は，3.3km^{2}と広範囲であった。

このため，2箇所の離着陸地点から飛行し，2日間で計21フライトによりレーザ計測を実施した(表3-6)。

2箇所の離着陸地点と対象山間部斜面山頂は，高低差400m以上あるため，解析点群密度を考慮し飛行コースは格子状，計測高度は対地高度130mでの自律飛行により計測した(図3-30～3-31)。

3）写真測量

写真測量は，搭載した一眼レフデジタルカメラ(図3-34)により一部崩落した地すべり周辺を対地高度100m・解像度17.5mm/pixelにて自律航行による撮影を行い，解析はSfM解析によりオルソ図を求めた(表3-7)。

4）解析方法

レーザ計測は，表3-8に示す計測諸元にて自律飛行(図3-35)によるレーザ計測を行い，取得した計測データは，基線・統合解析により3次元計測データ作成，調整用基準点によりオリジナルデータ作成，フィルタリングによりグランドデータ作成，立体図を作成した(図3-37)。

写真測量の解析は，地すべりが発生している周辺を対象範囲としてSfM解析によりオルソ図画像を作成した(図3-36)。

5）結果及び成果

レーザ計測・写真測量の解析結果は，現地計測後4日間で解析結果を提出，追加測量もなく迅速対応ができた。解析グランドデータから対象地域3.3km^{2}の全体地表面状況と発生地す

表3-6　レーザ計測飛行諸元

フライト数	２日間　21フライト
飛行方法	対地130m　自律飛行
飛行速度	５m/sec

表3-7　写真測量飛行諸元

地点フライト数	２日間　５フライト
飛行方法	対地100m　自律飛行
飛行速度	４m/sec

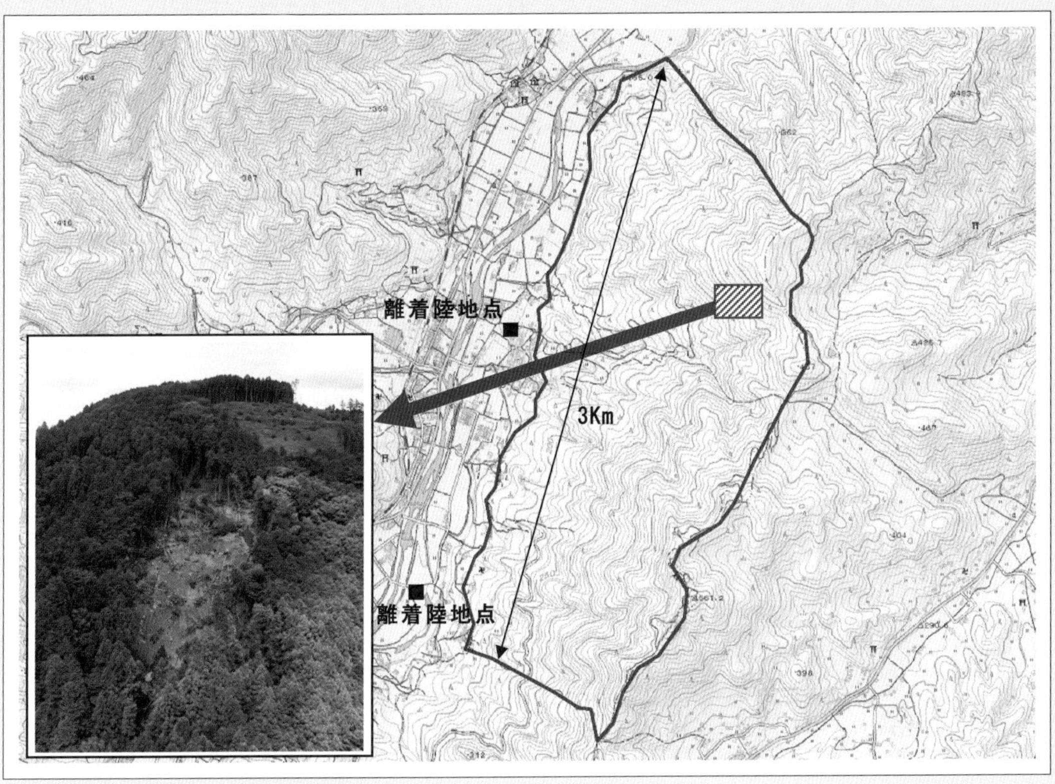

図3-30　対象範囲位置図

図3-31　UAVレーザ離陸状況

図3-32　使用SPIDER LX-8

べり影響範囲の特定をすることができた。この影響範囲では降雨のない状況では危険性が低くなったため，土砂災害に関する避難指示《緊急》を解除し，新たに一部の区域に避難勧告を発令等の安全確保に関する判断材料となる基礎資料を提供することができた。

6）今後の展望と課題

（1）　災害復旧計画での利活用

災害時でのUAVレーザ計測では，流出土砂量の算出，復旧への概略設計資料として十分な精度であることが検証できた。特に，災害時で最も必要な機動性，正確性であり，データ計測・解析等を短期間で実施することである。また，今回報告した事例では，二次災害の影響として発令された避難指示に対する検討資料，今後の地すべりへの監視体制・対策工を含めた資料を提供することができた。

（2）　飛行時の問題

災害調査を対象としたUAV搭載レーザ計測は，実用に向けて現場検証計測が始まったばかりである。計測システムの特徴である機動性，可搬性により災害近傍からの離着陸が可能である。安全な飛行の確保は，原則として有視界飛行とし，離着陸地点の選定，ルート・計測精度・高度設定等の事前計画を詳細に短時間で立案する必要がある。

（3）　安全運行について

UAV搭載レーザ計測は，データの精度，運用の利便性の面から効率的で有益な測量手法の一つである一方，安全で効率的な実運用には，墜落による第三者被害に直結する機体整備等のメンテナンスが必要不可欠であり，機体の整備，部材交換などの点検など継続的な整備による基礎資料の蓄積が必要である。

［渡辺　豊　（ルーチェサーチ(株)）］

イメージ	
サイズ	227×180×125（mm）
重量	約3.6kg
アイセーフクラス	レーザークラス 1
最大測定距離	920 m（ターゲット反射率60%）
	550 m（ターゲット反射率20%）
最短距離	3 m
精度 / 確度	10mm / 5mm
有効測定レート	500,000 測定/ 秒まで
視野角(FOV)	330°
最大作動飛行高度	350 m / 1,150 ft
スキャニング機構	回転ミラー

図3-33　搭載レーザシステム仕様

カメラ諸元	型式	α 7R（W=407g）
	使用レンズ	ソニーEマウントレンズ　28mm
	カメラ有効画素数	約 3640 万画素
撮影条件	撮影高度	自律飛行（対地高度100m）
	撮影画角	128m × 86m
	解像度	17.5　mm/pixel

図3-34　搭載カメラ諸元・撮影条件

表3-8　計測諸元

飛行高度	130m（対地）
コース間隔	150m（30%ラップ）
飛行速度	5 m/s
計測面積	$3.3km^2$
パルスレート	550,000Hz
点群密度	144点/m^2
調整用基準点	8 点

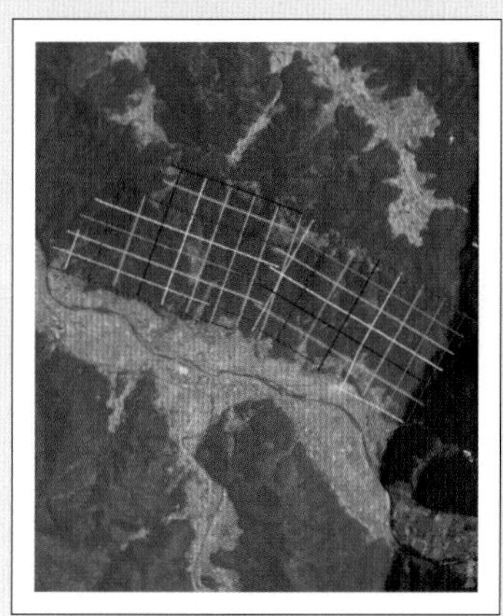

図3-35　飛行ルート図

図3-36　地すべり周辺オルソ図

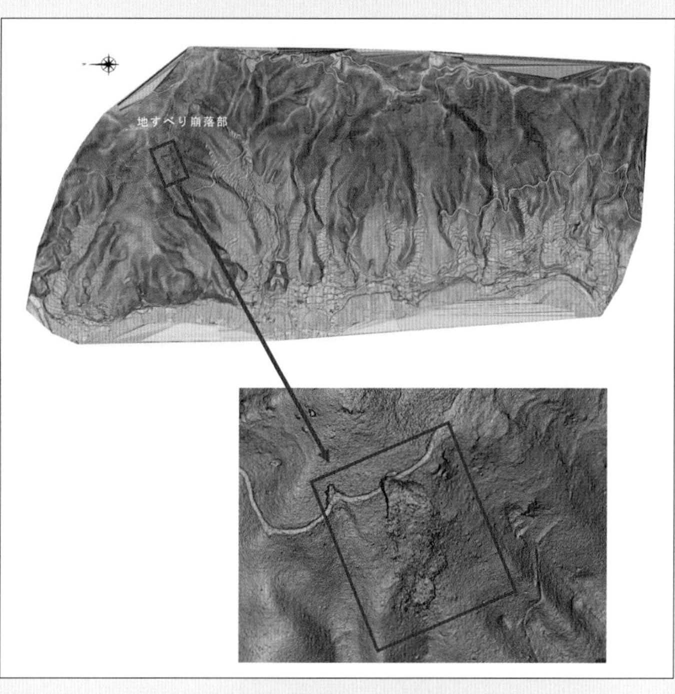

図3-37　地すべり部拡大図

3.6 UAVによる阿蘇中岳の地形計測

3.6.1 はじめに

火山噴火予知や火山防災にとって，噴火直後の火口付近の状況把握は非常に重要である。火口の正確な位置や深さ，噴火の種類や噴出量を正確に見積ることが，現状評価と推移予測を可能とする。これまでは，火山学者が火口付近で現地調査を行ってきた。例えば1986（昭和61）年の伊豆大島噴火の際には，火口から500m付近にまで接近し，現地調査を行った。しかし，1991（平成３）年の雲仙岳噴火や2014（平成26）年の御嶽山噴火の火山災害をみれば，予測できない突然の噴火にそなえ，火口付近への立ち入りは極力避けるべきである。

また，有人機による上空からの写真撮影も，火口上空は噴火に遭遇するリスクがある。2011（平成23）年の新燃岳噴火では，断続的に起きる爆発で噴煙が火口上空3,000mに達した。そのため，上空からの空撮は火口上空を避け遠距離からのものにならざるを得ず，解像度が不十分であった。また，衛星による高解像度写真は，気象条件や噴煙による影響を受けやすい。また，衛星SAR画像は雲の影響を受けないが，基本的に斜め画像とならざるを得ない。

これらの手法と比較し，UAVによる撮影は，人的な災害の可能性をゼロにする観測方法と考えられる（内山他，2014）。有人飛行では困難な火口の直上空，あるいは火口内部の低空飛行さえも可能である。また，多数の写真を撮影することで，SfM/MVS方式の３次元モデル作成が可能で，角度を変えながら判読，さらにオルソフォトやDSMの赤色立体地図の作成も可能である（千葉他，2007）。また，火口上空の噴煙についても，形状が刻々と変化するので，モデルには反映されず，除去できる。

3.6.2 阿蘇2016（平成28）年10月噴火

2016（平成28）年10月８日未明，阿蘇山中岳中央火口が噴火した。火山灰は上空11,000mに到達し，四国方面まで拡散した。火口の西側には火山灰が厚く堆積し，火口縁には火山弾も多数みられた。ロープウェイの駅舎（火口西駅）の屋根にも大きな穴が生じたが，ヘリからの映像でも被害状況の詳細は不明であった（図３-38）。

そこで，さっそくUAV撮影の検討を開始したところ，噴火直後から火口から３km以内は立ち入り禁止となり，火口から３km以遠にある，火山博物館前の駐車場からの離着陸ならば直ちに可能とのことであった。UAVのバッテリーの持ち時間は15分程度であり，これでは火口との往復が限界で，計測のための撮影は難しかった。そこで，固定翼の速度の速い機体も検討したが，やはり火口から１kmの地点に立ち入っての離着陸が最善と判断した。そのための交渉や許諾などの諸手続き（地元自治体，国土交通省，航空管制，京都大学，気象庁）に時間を要し，実際の飛行はちょうど２か月後の12月８日となった。この日は，朝から好天で風もおだやかで，９時から15時まで連続的に撮影を行うことができた。撮影状況を図３-39～図３-41に，飛行計画図を図３-42に示す。

3.6.3 撮影と計測

撮影に使用したUAVはTAROT社製のTAROT-X６である。カメラはCanon EOS ６Dフルサイズデジタル１眼レフで，24mmレンズを装着，２秒間隔で直下のインターバル撮影を行った。飛行時間は15分/回とし，撮影結果を見ながらその都度コース設定し，自律飛行を行った。阿蘇山ロープウェイ駅（阿蘇山西駅）の駐車場を離発着地点とし，火口を中心とした２km四方を，ラップ率80％で撮影した。総撮影枚数は約4,500枚で，モデル作成には約1,500枚を使用した。なお，撮影当日は警戒区域内に商用電源がなく，プリウスなどのハイブリッド車によるバッテリーの充電を行った。

図3-38　2016(平成28)年10月８日14時10分撮影　阿蘇中岳噴火直後の状況

図3-39　UAV撮影状況

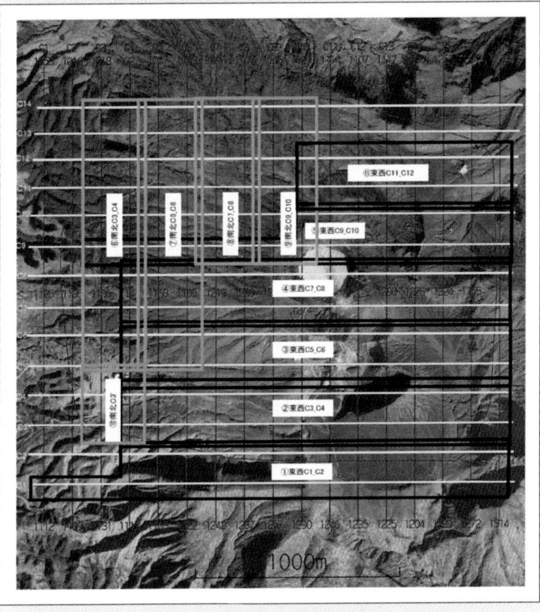

図3-42　撮影計画図

図3-40　UAV全景

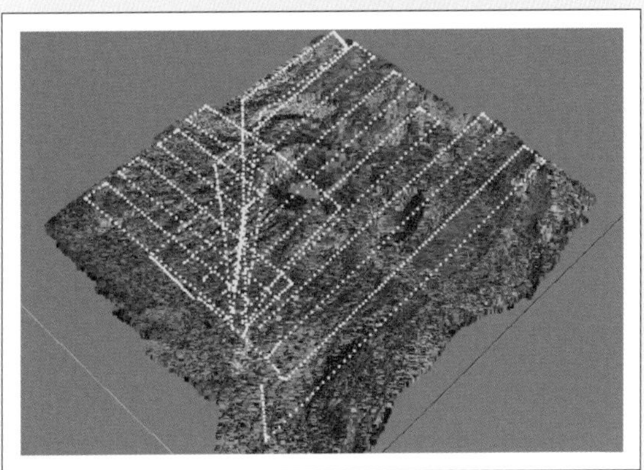

図3-43　SfMによる撮影位置推定画面

図3-41　ジンバル機構とカメラ

3.6.4　解析結果

SfM/MVSソフトは，「context capture」を使用した。撮影地点の推定図を示す（図３-43）。また，画面表示中の３次元モデルのワンシーンを図３-44に示す。3Dモデルはオーバーハング部も含めてなめらかで，噴煙による欠損部もなかった。また，ロープウェイの駅舎は，噴石により大きな被害を受けたが，その状況も確認することができた（図３-45）。噴火の影響で，火口付近の地形が大きく変化したため，GCP（Ground Control Point）は火口から離れた，ロープウェイの下駅などの，比較的平坦な駐車場等の白線の交点等に設定した。しかし，これらの条件を満たす点は西や北に限られ，3Dモデルには非線形の歪みが残った。20cmDSM（Digital Surface Model）から作成した赤色立体地図（図３-46），オルソ画像と赤色立体地図を合成した鳥瞰図を示す（図３-47）。

2016（平成28）年熊本地震後，噴火前に有人固定翼のDMC（Digital Mapping Camera）撮影画像からSfM/MVS方式で作成したモデルでは，噴煙の影響を排除できずに火口付近が欠損した。このデータとの比較により，噴火口内部の湯だまりの形状変化や火口壁崩壊状況が明らかとなった。しかし，非線形ゆがみにより火山灰の堆積厚さを広範囲に精密に計測するのは難しかった。

謝辞

計測に当たり，京都大学火山研究センター，気象庁，阿蘇火山防災会議協議会から協力と支援を頂いた。本研究は，文部科学省の次世代火山研究・人材育成総合プロジェクトの一環で行ったものである。

参考文献

・千葉他，2007．航空レーザ計測にもとづく青木ヶ原溶岩の微地形解析，富士火山，pp. 349-383.

・内山他，2014．SfMを用いた三次元モデルの生成と災害調査への活用可能性に関する研究,防災科学技術研究所研究報告，81，pp. 37-60.

［千葉　達朗，荒井　健一　（アジア航測(株)）］

図3-44　完成した3Dモデル　阿蘇中岳を西から見下ろす

図3-45　火口駅付近拡大

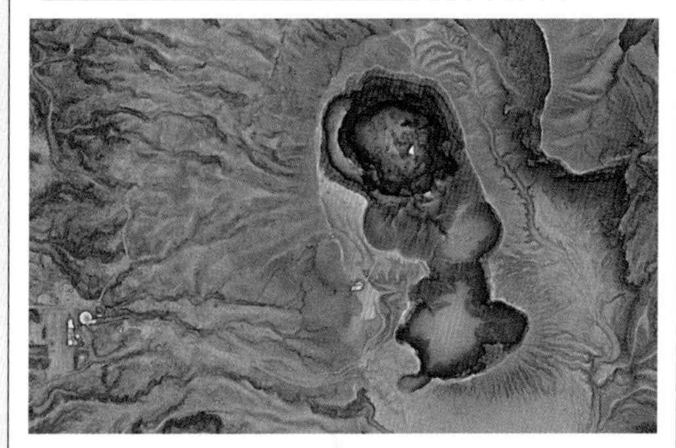

図3-46　20cmDSM赤色立体地図

図3-47　赤色立体オルソ合成鳥瞰図

3.7　2018(平成30)年７月豪雨に伴う沼田川(広島県三原市)における堆積土砂量調査

3.7.1　背景・目的

2018(平成30)年７月豪雨は，広島県三原市沼田川(ぬたがわ)およびその支川でも甚大な被害をもたらした。国土交通省中部地方整備局ではTEC-FORCE(緊急災害対策巡遣隊)を派遣し災害復旧支援を行うとともに，高度技術指導班によるUAV調査等で，河川内において水の流下を阻害する樹木や土砂の状況把握を行った。本調査は，流下阻害要因の早急な除去が必要なこと，沼田川本川においては土砂量を把握すべき箇所が広範にわたるため，UAVを用いた測量が必要と判断し，災害協定に基づき実施したものである。土砂量の把握は，発災後の平常水位より上にある土砂量と，出水後の堆積土砂量を求めることを目的とした。

3.7.2　対象地域

土砂量調査は，二級河川沼田川本川(三原大橋から山陽自動車道橋梁より約600m上流の人道橋までの延長13.96km)を対象とした。樹木調査は，沼田川本川および支川(天井川，仏通寺川，梨和川，三次川，小原川，菅川)において実施しているが，本稿の対象は，UAV調査等による土砂量調査を行った沼田川本川である(図３-48)。

3.7.3　解析方法

１）計画・準備

2018(平成30)年７月26日，国土交通省中部地方整備局よりUAV調査の依頼があった。災害対応の測量技術を提供することを考慮し測量機材を準備し，翌27日午後，技術者８名が現地入りした。現地では河道内の土砂量と樹木量の算出を着手後２～３日で完了させることが求められた。しかし対象範囲が想定より広範であることや，広島空港管制や送電線によりUAVが飛行できない箇所が存在することなどから，期間内での実施が困難であることが考えられた。

そこで，土砂量算出は河道内の裸地に対してのみ実施することでフィルタリング工程をなくすことや，UAV飛行制限箇所は，出水後に撮影された国土地理院の空中写真を入手して活用することなどを提案するとともに人員増強を行った。

２）現地作業

作業２日目は，技術者を増員し12名で開始した。UAV撮影はブロックごとに分割し四隅に対空標識を設置，VRS-GNSSにて公共座標を取り付け順次すすめた。橋梁の下などはTSを用いて補備測量を行った(図３-49～３-52)。３日目は，台風12号の影響により作業は中止し，全体の作業計画立案や体制増強を行った。また，過年度の航空レーザ測量成果が存在することから，既往土砂量をもとにした堆積土砂量の解析を検討した。４日目は，体制をさらに増強し，２班体制で実施した(最大14名／日，延べ44名／４日)。その結果，計画通りの撮影を完了することができた。撮影画像の点検を行ない，翌日，補備撮影を実施するとともに補備測量を実施。全ての現地作業は完了し撤収した。

３）データ解析

UAV撮影成果と，対空標識点成果を用い，同時調整後，画像マッチングによる自動標高抽出で３次元点群データおよびデジタルオルソを作成した(図３-53)。裸地の範囲はデジタルオルソをもとにデジタイズし，ポリゴンデータを作成しIDを付与した。３次元点群データとポリゴンデータを用い，裸地ごとおよびキロ程ごとの土砂量を算出した。一方，UAV飛行ができない箇所については，国土地理院の空中写真をもとにモデル作成を行い画像マッチングによる３次元点群データを作成した。この空中写真は，発災後間もなく撮影されたも

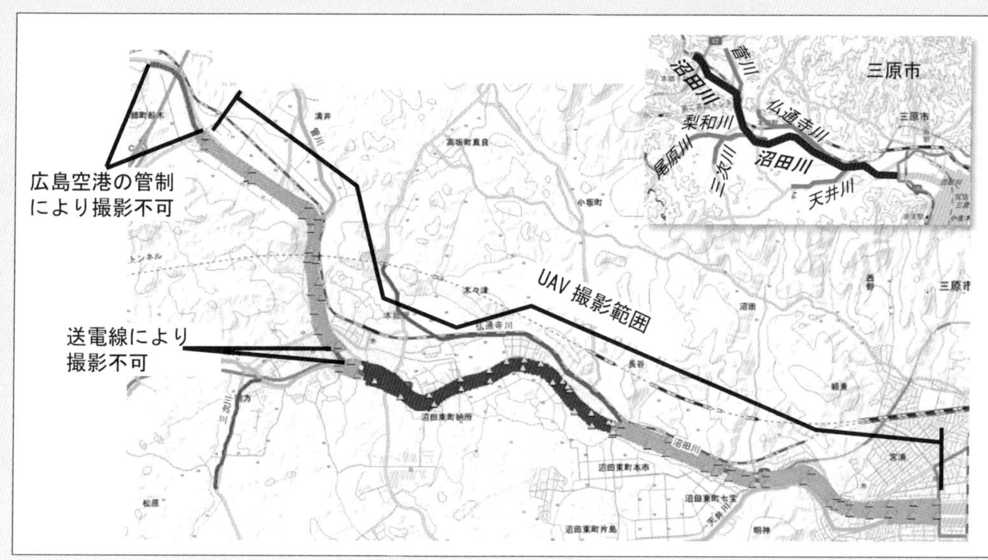

図3-48　調査対象範囲

図3-49　UAV（DJI Phantom 4）

図3-50　設置した対空標識

図3-51　VRS-GNSS測量機による測量

図3-52　TSによる測量

ので，まだ水位が高いため，補備測量により平常水位の水際線位置を取得した。

堆積土砂量の算出は，作成された出水後の３次元点群データと，既往土砂量としての航空レーザ測量成果の差分を求めることで実施した。しかし，UAV空中写真および国土地理院空中写真と，航空レーザ測量成果(LP)という異なる手法の成果での比較のため，精度維持が懸念された。そこで堤防天端を不動の場所として比較検証した結果，UAV-LPは10cm以内の差であったためそのまま成果として使用した。国土地理院-LPは30cm程度の差があったため国土地理院側の標高データをシフトした。この差は外部標定要素がGNSS/IMU成果のみであり，標定点測量成果を含めた同時調整を行っていないことが主な要因と考えられる。

精度検証を行ったのち，発災前後の土砂量の差分を算出し，裸地ポリゴンごとおよびキロ程ごとの堆積土砂の算出を行った。

3.7.4　結果および成果

解析の結果，出水前の既往土砂量と，出水による堆積土砂量の算出により，それぞれ裸地ポリゴンIDごととキロ程ごとに土砂量の算出を行った(図３-54～３-55)。

その結果，河川内土砂量は55万１千m^3，出水による堆積土砂量は約11万９千m^3で平均約30cmの堆積があり，多いところでは１m近くの堆積があったことがわかった。特に勾配変化点，支川合流点，屈曲点などに堆積が多いことが分かる。逆に浸食は下流部に多くみられるがその量は非常に少ない。この結果と樹木量調査結果を含め，TEC-FORCEにより河道掘削および樹木伐開の概算費用が算出され，土砂撤去工事の基礎資料が作成された。

3.7.5　今後の展望

今回は，延長13.96km幅200m面積2.79km^2に対してUAV撮影と３次元点群データ作成，土砂量および差分算出を10日で完了させることができた。UAVを用いた公共測量マニュアルに準じて実施すると数倍の時間がかかると予測されるが，求める精度や対象範囲を絞ることにより短期間で成果を算出することができた。UAVは求めるものを確実に把握し，手法を柔軟に適用することで，活用範囲が無限に拡がる技術であると考えられる。

謝辞

本調査を行うにあたり，国土交通省中部地方整備局はじめ関係各位には多大なるご指導ならびに助言を頂きました。ここに感謝申し上げます。

［内川　勉　((株)パスコ)］

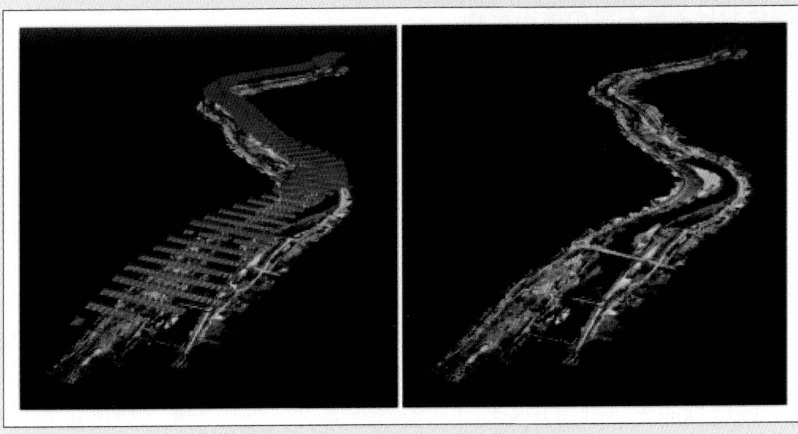

図3-53　3次元点群データ処理後イメージ

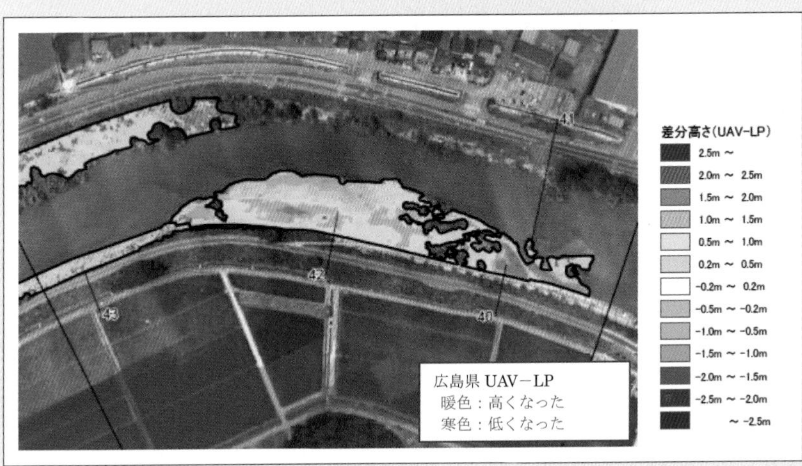

図3-54　土砂量差分算出図

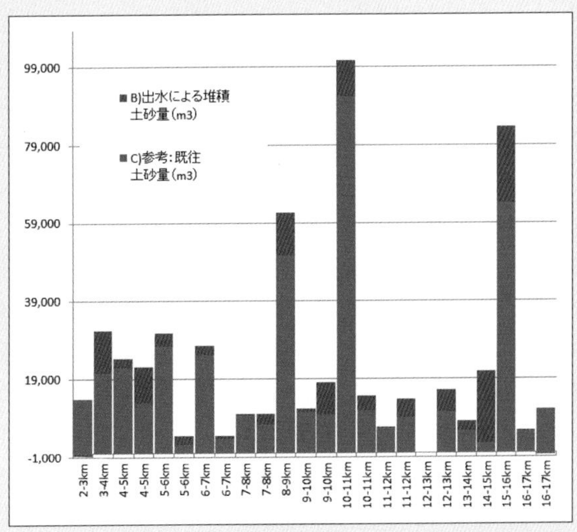

図3-55　キロ程ごと既往土砂量及び出水による堆積土砂量

3.8 山岳地帯における転石等の検出実験

3.8.1 背景・目的

山岳地帯を通る道路の落石被害が後を絶たない背景に，道路防災総点検において発生源である浮石・転石の分布状況をすべて詳細に捉えられてない点があげられる。これは，急峻な斜面において安全に専門技術者がすべての調査範囲を隈なく踏査する労力や時間が確保できないことなどが要因であり，踏査せずに効率的に行える隔測による対象箇所の絞り込み技術が望まれる。隔測による斜面上の浮石・転石調査手法については，これまでさまざまな手法が取り組まれてきたが，高密度の航空レーザ測量では照射点密度に応じた大きさの浮石・転石候補を抽出できる可能性が，菊池ら(2014)や増田ら(2014)などから指摘されてきた。ただし，斜面の多くは樹林や下草に覆われている一方で，間伐による切株や残置された間伐材等紛らわしい物体が多数みられる。このため浮石・転石の判別性向上には形状を捉える必要がある。そのため，点密度を高め，1照射あたりの照射点の大きさのフットプリントをできるだけ絞りこむ工夫が望まれたが，航空機によるレーザ測量では限界があった。そこで，対象斜面に近接してレーザを照射できるUAV搭載型航空レーザ測量システム(以降，UAVレーザ)を用いて，照射点密度を高め，フットプリントを絞った計測実験を行い，その適用性を検討した。(本論は萬徳ら(2018)で報告した内容を加筆編集している)

3.8.2 対象地域および解析方法

実験は，山梨県南巨摩郡早川町内，春木川第一砂防堰堤にて行った(図３-56)。実験は，萬徳ら(2018)が示したように①樹林下の地形再現性の検証，②樹林下における巨礫等の再現性の検証についてUAVレーザを用いて行った。地形の再現性検証は，検証点における標高値の精度検証と実測横断・堰堤横断での形状再現性の検証により行った。また巨礫等の再現性検証は，巨礫を模擬した３種類の大きさの試験体を樹林下に設置し，再現性を検証することにより行った(図３-57)。

使用した機材は図３-58に示すとおりで，UAVレーザの平均照射点密度は約400点/m^{2}と，一般的な航空機搭載型航空レーザ測量システムのそれを大幅に上回った。

3.8.3 結果及び成果

1）樹林下の地形再現性の検証

３次元点群データに関する検証点における標高値の較差を算出した結果，表３-９に示すように平均で5.7cm～6.0cm，RMSで5.8cm～6.1cmが得られた。実測横断との比較では，樹林下では点群が少なくなっているが，道路面上・樹林下ともに，レーザ計測による点群は，地盤に近い面を再現していた(図３-59)。また，道路脇のガードレール・検証点(図３-60)も点群から判読できるなど，地形の再現性が高いことが確認された。

2）樹林下における巨礫等の再現性の検証

巨礫を模擬した３種類の大きさの試験体(図３-61)を作成し，裸地と樹林下(図３-62)に置いた場合を比較して，その再現性を検証した。試験体の計測較差を表３-10にまとめた。樹林下では，一番大きな試験体と中間の試験体は，高さ方向の較差が0.8cm～3.1cmと，10cm以下の較差でおおむね良好であった。しかし，一番小さい試験体は，点数が少なく識別できなかった。さらに，試験体の側面の点群が少なく，全体の形状の再現性は十分とは言えないことが明らかになった (図3-63)。裸地の同様な検証では，図３-64に示すように再現性が良好であった。ただし，陰となる巨礫下部の構造は当然ながら再現性が低くなった。

これらの検証結果から本手法は，樹林下の斜面上に分布する浮石･転石の分布可能性の把

図3-56　撮影計測範囲（背景図は地理院地図）

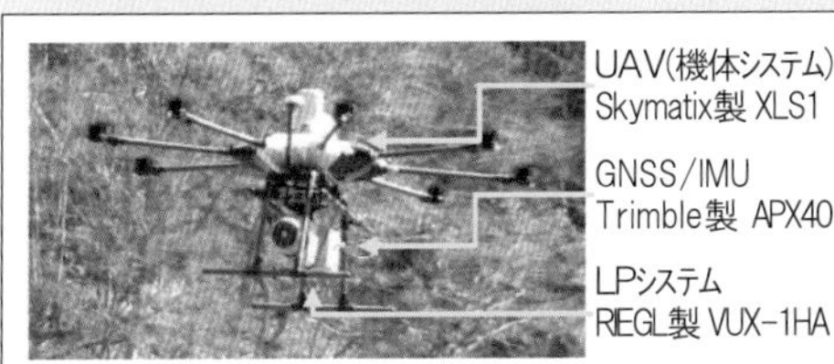

図3-58　使用機材

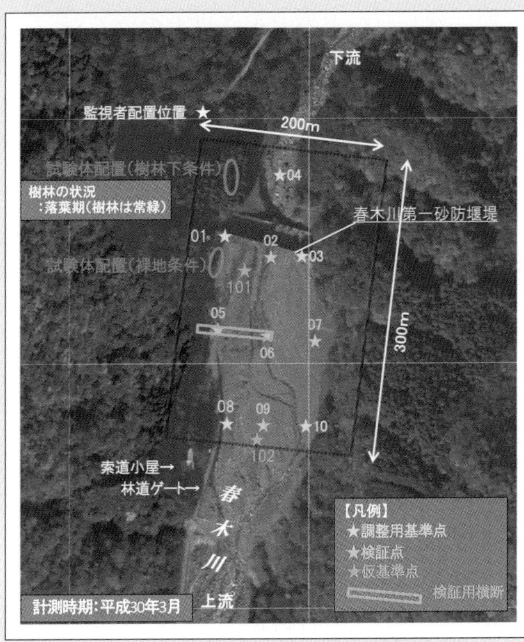

図3-57　撮影計測範囲及び基準点等配置図
（背景図は地理院地図）

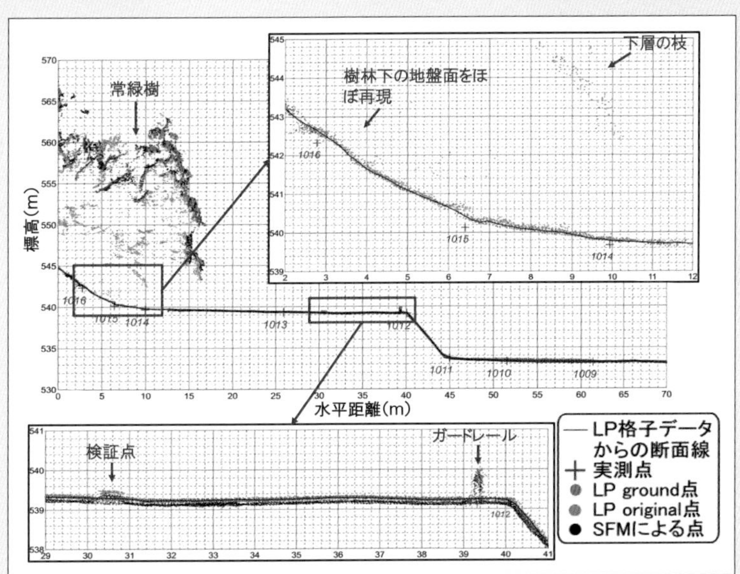

図3-59　点群投影断面図

表3-9　各検証点における標高値較差

点数	回数	較差 平均(m)	較差 RMS(m)	最大値(m)	最小値(m)
5	1	-0.066	0.067	0.078	0.053
	2	-0.072	0.079	0.106	0.009

図3-60　点群投影断面の状況と検証点対空標識

握に対し，一定の大きさ以上の浮石･転石では効果が期待できることが明らかとなった。一方で，航空レーザ測量での既往研究成果と比べ判別性が同程度にとどまった。これは，照射高度が低いため樹木の幹がレーザ照射を遮蔽し，地盤面への到達率が上がらなかったこと，試験体に対して一方向からの照射となったため試験体の形状再現に至らなかったことが原因として考えられる。今後は航空レーザ測量に際して，直交測線による全周照射の実施とスキャン角を絞った照射を検討する。

3.8.4 今後の展望

本手法はあくまで隔測であるため，従来の点検体系の中の技術者による現地踏査や目視確認を完全に置き換えることは難しい。このことは，しばしば従来手法との比較において非効率的などととらえられる。しかし，①今後一定の技術レベルの担い手の確保が難しくなると予想される中で，点検の効率化高品質化を図れるだけでなく，②電子化した情報収集が可能になることから，定量的な指標化や一定の範囲での自動化等の展望が開けてくる。

今後は，本手法の適用の困難な場合の整理や定型作業の自動化等の経済性向上，そして従来手法からの切り替え方法の確立などが課題となる。

参考文献

・増田ら(2014)：転石調査のための高密度航空レーザ計測による斜面の可視化，地盤工学会中部支部第23回調査･設計･施工技術報告会資料集.

・菊池ら(2014)：航空レーザ測量を用いた急崖・転石群の判読精度向上の試み，日本応用地質学会平成26年度研究発表会講演論文集.

・萬徳ら(2018)：UAV搭載型レーザによる砂防施設の計測について，平成30年度砂防学会研究発表会予稿集.

・社団法人全国地質調査業協会連合会 道路防災点検技術委員会(2011)：道路防災点検の手引き―豪雨･豪雪等―平成23年10月，社団法人全国地質調査業協会連合会.

［小林　浩　(朝日航洋(株))］

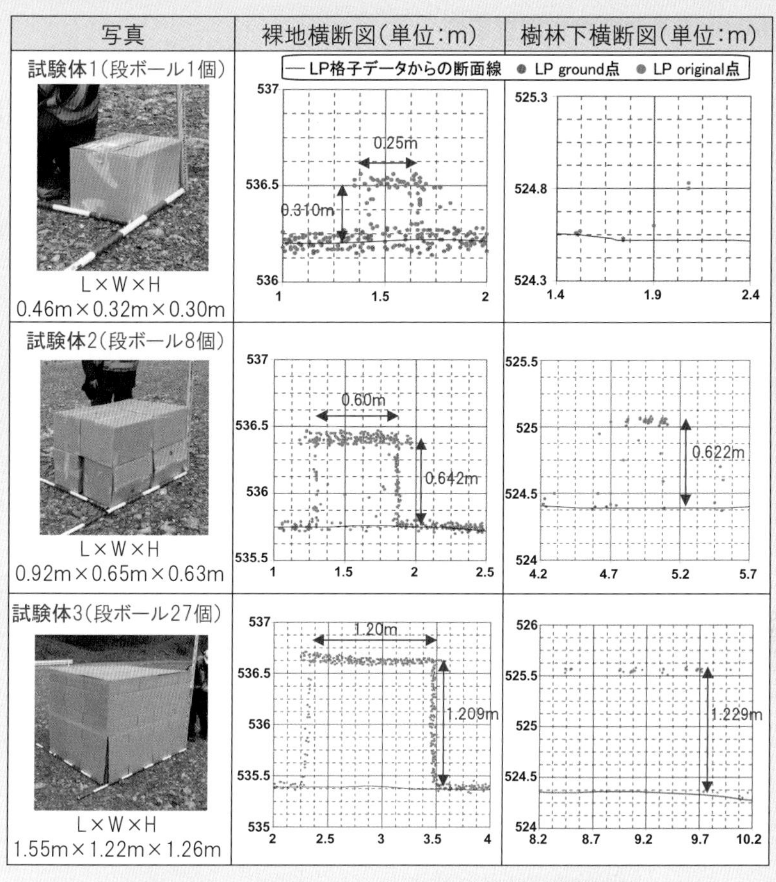

図3-61　試験体の形状および大きさに関する検証結果

表3-10　試験体較差

試験体	裸地		樹林下	
	H(cm)	W(cm)	H(cm)	W(cm)
試験体1	−1.0	7.0	−	−
試験体2	−1.2	5.0	0.8	−
試験体3	5.1	2.0	3.1	−

−:計測不能

図3-62　樹林の被覆状況(左：全景，右：鬱閉状況)

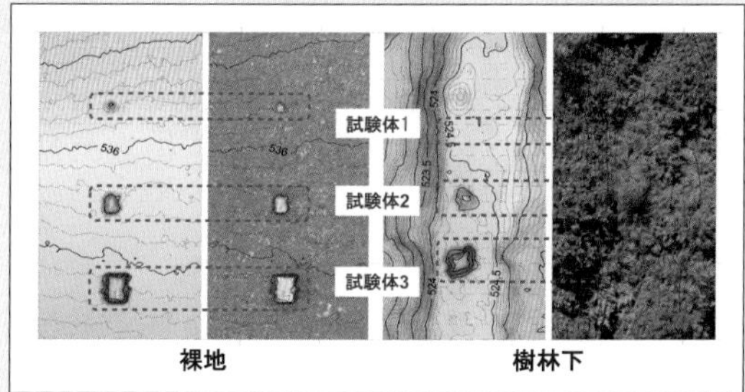

図3-63　試験体の再現性(左:裸地，右：樹林下)

図3-64　巨礫の例及びその点群投影断面

3.9　固定翼UAVによる台風災害調査事例

3.9.1　背景・目的

2016(平成28)年の台風第10号は，図３-65のとおり日本の南で複雑な動きで数日間西寄りの進路を通った後，東寄りに進路を変えて北上し８月30日18時前に岩手県大船渡市付近に上陸。1951(昭和26)年に気象庁が統計を取り始めて以来初めて東北地方の太平洋側に直接上陸した台風となった。この影響により岩手県では８月29～30日にかけて沿岸北部を中心に断続的，局地的に総雨量が300ミリの猛烈な雨を観測し豪雨災害となった。

本事例は，固定翼UAVによる空中写真を用い豪雨災害による浸水被害調査を実施したものである。

3.9.2　対象地域

広範囲の家屋浸水や橋の流失，道路の決壊など大きな被害を受けた他の河川では，被災直後から被災箇所毎に回転翼UAV等で詳細な調査が実施されている。今回，固定翼UAVによる被災調査の対象としたのは，図３-66に示す岩手県沿岸北部久慈市の狭隘な山間部を流れる久慈川支川「長内川」及び「川又川」である。これらの河川では小規模な被災箇所が広範囲に亘っており，この中で河川沿いに集落・農地がある長内川沿いの“滝地区”約1.33km，川又川沿いの“山形町小国地区”約3.17kmの２地区で調査を行った。

3.9.3　調査方法

洪水浸水被害調査として既存の河川台帳図(１/2,000)，または固定翼UAV撮影によるオルソ画像を背景に詳細な浸水範囲調査を行うこととし，対象の２地区では図３-67，表３-11に示す固定翼UAV(無尾翼飛行機)senseFly社製“eBee-RTK”を用い，図３-68に示すフローで現地踏査，空中写真撮影，オルソ画像作成，浸水範囲調査・記録を実施した。調査概要は以下に示す。

１）現地踏査

調査範囲を踏査し，撮影ブロック毎に離陸・着陸場所を選定した。“eBee-RTK”は手投げ発進するため離陸には大きな空間を必要としないが，着陸進入時には図３-69に示すように障害物のない一定の空間と胴体着陸のための草地などの平坦地が必要になる。また，狭隘な山間地においては撮影飛行範囲を見渡すことができる場所(UAVの飛行を監視・操作する地上局)の確保が必要となる。

２）撮影飛行計画

本事例のような山間地において，対地高度150m未満(地上解像度４cm程度)で飛行する撮影計画では，周辺の山と一定のクリアランスを考慮した撮影高度設定が重要となる。“eBee-RTK”の飛行計画・管理ソフト“eMotion２”は標高データ(DSM)として，“SRTM(Shuttle Radar Topography Mission)”の３秒(90mメッシュ)が利用でき，図３-70のとおり撮影範囲周辺の地形とのクリアランスが自動的に確保される仕組みとなっている。

３）標定点(検証点)の設置

固定翼UAVはGNSS-RTKを搭載しVRSの補正情報によってcmレベルの写真撮影位置(X/Y/Z)を記録できる。本業務の精度レベルでは標定点は不要であるが，位置・標高の精度検証のために検証点を長内川に７点，川又川に９点配置した。

４）撮影飛行

撮影時，上空は雲が多く晴れ間の少ない状況であったが，実機と違い雲の下側を飛行するUAVには問題なく，撮影ブロック毎に表３-12に示す撮影仕様・結果で空中写真撮影を終了した。着陸後に機体とPCを接続し撮影位置情報(X/Y/Z)をダウンロードすることによって

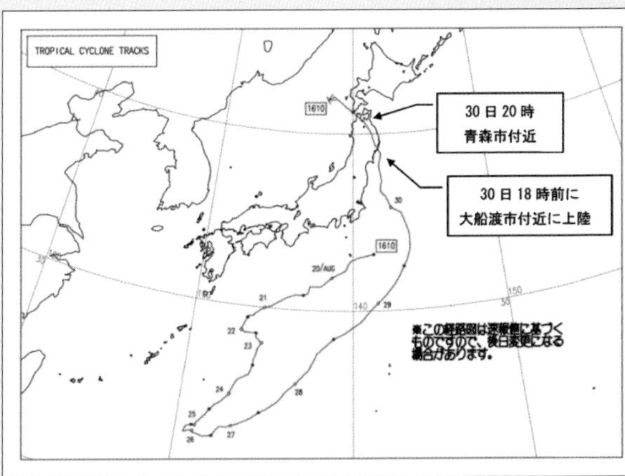

図3-65　台風10号進路図（出典：気象庁HP）

図3-66　調査河川位置図

図3-67　senseFly eBee-RTK

表3-11　eBee-RTK　諸元

重量	730g
翼幅	960mm
材質	EPP/カーボンフレーム
動力	ブラシレスDCモーター
GNSS/RTK受信機	L1/L2,GPS&GLONAS
バッテリー	LiPo3セル,2150mAh
カメラ	Sony WX 18.2MP
航続時間	40分
飛行速度	40～90km/h
天候制限	風速12m/s以下
地上解像度	1.5cm/pxまで
直線着陸精度	約5m

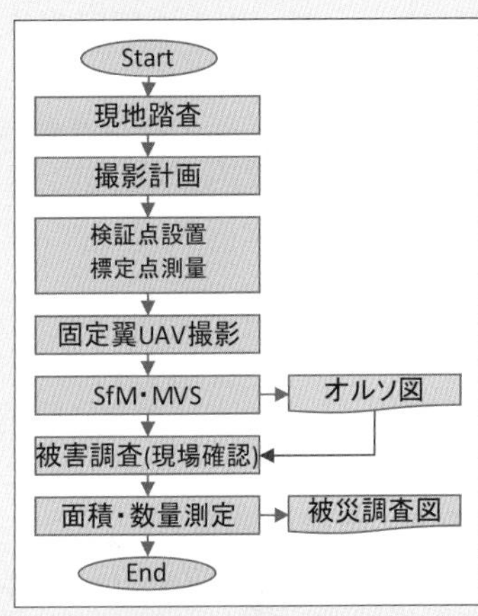

図3-68　調査フロー

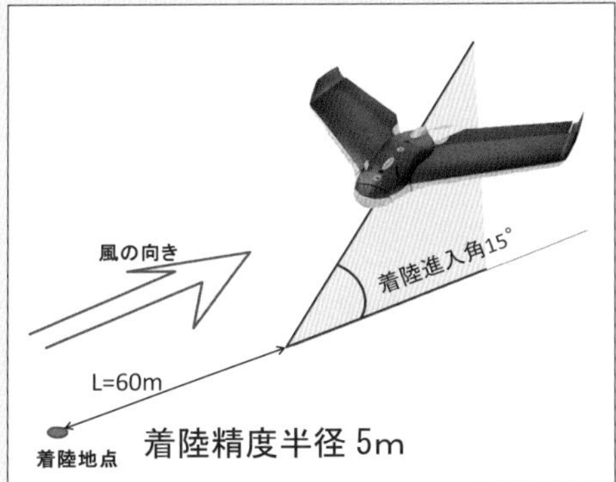

図3-69　着陸進入図

表3-12　撮影諸元・結果

撮影諸元・結果	長内川	川又川
オーバーラップ	75%	75%
サイドラップ	60%	60%
対地高度	90～150m	90～126m
平均地上解像度	4.37cm	3.55cm
フライト回数	1回	2回
撮影時間（合計）	23分	48分
写真撮影枚数	262枚	503枚

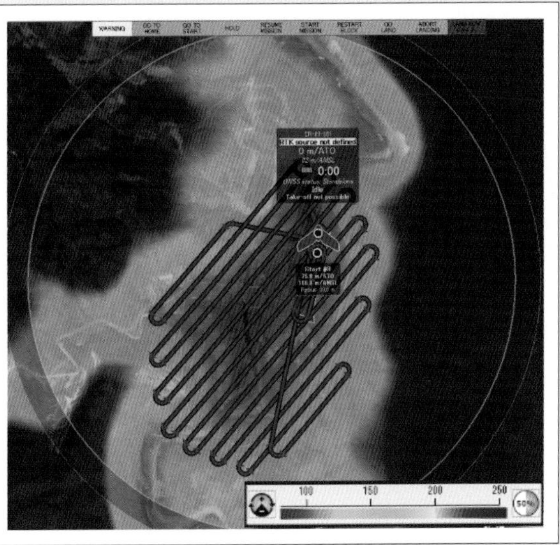

図3-70　SRTMによる標高段彩図（長内川）

撮影画像には自動的に位置情報がタグ付けされる。

5）標定・解析，３次元点群作成，オルソ画像作成

標定・解析，点群作成・オルソ作成等の一連の処理はSfM/MVSソフト"Pix 4 DMapper"を利用した。バンドル調整計算による標定・解析は前述の撮影位置情報を初期値として利用することにより短時間で終了し，検証点との較差は表３-13のとおり高精度な結果を得た。これに続き３次元点群作成，オルソ画像作成(図３-71，図３-72)を行った。

6）浸水被災状況図作成

オルソ画像による机上判定，及び現場確認結果は「浸水被災状況図」として既存の河川台帳図にデジタルオルソを重ね，浸水分類毎(床上，床下等)に着色表示し，図３-73の「河川浸水被害調査図」を作成した。

3.9.4　結果及び成果

本事例では河川の浸水範囲を被害直後の地上解像度５cm以下のオルソ画像上で流水による土地の被覆・植生の変状を浸水被害の範囲として明確に把握でき，概ね浸水範囲の判断が可能であった。一部，樹木の隠蔽部等は現地確認が必要であるが，河川台帳図を背景とした調査に比較し効率的かつ詳細な把握が可能となった。

また，高密度な３次元点群では図３-74のような河床洗掘の状況を広範囲に亘り把握でき，氾濫時の流水状況も想定できることから，今後の対策検討の際の資料として活用頂けるものとなった。

なお，本事例の現場対応で特筆すべきは固定翼UAVの機動性である。固定翼UAV"eBee-RTK"は機体を３分割しバッテリーや無線機等と共に図３-75に示すケース(W=535，D=245，H=430mm)にコンパクトに収納でき全重量も10.2kgと可搬性が高い。被災地の道路事情が良くない中，小型ライトバンで容易に搬送でき，最前線の活用で非常に重宝した。

3.9.5　今後の展望

本事例の台風災害では，河畔樹木の流出などに伴う流木が洪水被害を増大したとの指摘がある。燃料としての薪に頼らなくなった現代では，河畔林の伐木とその利用が激減し，成長した樹木が洪水により流出し，下流の橋梁を堰き止め被害を増大していることも指摘され，主要な河川での調査・把握，対策の必要性を認識させられた。

これらに対し，本事例において作成した３次元点群等を解析することにより，河畔林の抽出・把握や河道内の堆積土砂等を合理的・経済的に調査可能であることが分かった。

今後，長大な河川のみならず中小河川でも，平時から防災・減災に向けた様々な取組が必要であり，UAVの写真撮影に限らず搭載可能なセンサ類を活かした技術による合理的調査について提案していきたい。

謝辞

本事例の紹介にあたり，資料を提供頂きました岩手県県土整備部河川課に感謝致します。

［千葉　一博　((株)タックエンジニアリング)］

表3-13　検証点較差

単位：m

	長内川（全7点）			川又川（全9点）		
	X	Y	Z	X	Y	Z
Mean	0.018	0.000	0.099	0.009	−0.01	−0.09
Sigma	0.048	0.015	0.041	0.052	0.024	0.098
RMS Error	0.051	0.015	0.107	0.052	0.026	0.135

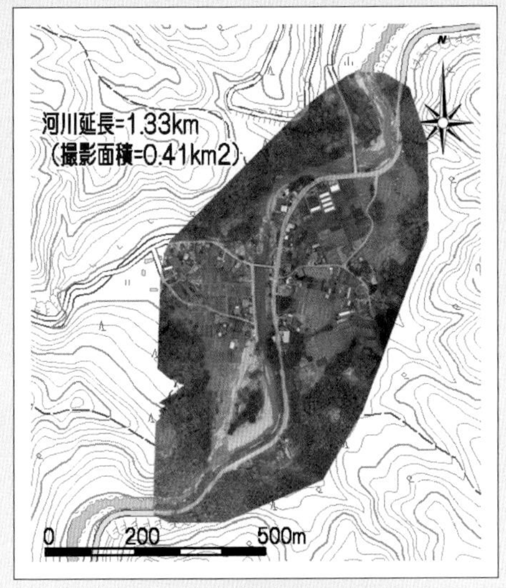

図3-71　長内川実施範囲

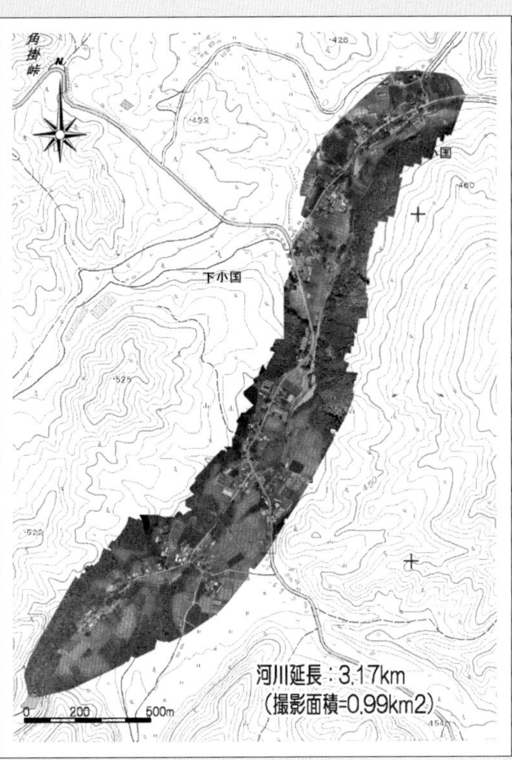

図3-72　川又川実施範囲

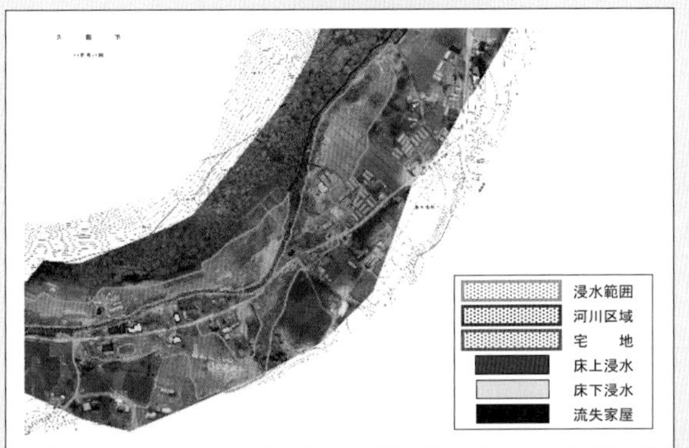

図3-73　河川浸水範囲調査図（川又川）

図3-74　3D点群鳥瞰図（長内川）

図3-75　eBee-RTK収納ケース

3.10　豪雨による斜面災害の緊急対応事例

3.10.1　背景・目的

近年，日本の各地で地震や豪雨による多くの災害が発生しており，防災や発災後の緊急対応が求められている。2018(平成30)年６月27日に太平洋高気圧の縁を温かく湿った空気が南側から流れ込み，大気の状態が非常に不安定となり，岐阜県で集中豪雨が発生した。特に飛騨地方の下呂市萩原では最大時間雨量37mmを観測し，降り始めから総降水量が282.5mmとなった。この雨により，下呂市上呂地区の山腹(図３-76)が崩壊し，JR高山線とその付近の住宅に土砂が流れ込み，高山線は一部区間が不通となった。

この災害の早期復旧に向け，現地状況の把握と復旧設計用の図面が早急に必要となったが，現場は倒木や更なる土砂崩壊・流出による二次災害の危険性があることから現地測量による作業は困難であった。このため現地状況の把握と図面作成にUAV搭載型レーザスキャナによる計測を行った。

3.10.2　対象地域

岐阜県下呂市萩原町上呂地内(図３-77)における，JR高山線上呂駅～飛騨萩原駅間の東側の山腹斜面崩壊であり，山裾にはJR高山線と民家が点在している。

3.10.3　解析方法

災害現場への立ち入りが困難なため，発災直後にUAV搭載カメラにて撮影した写真から簡易オルソを作成し，現地状況の概要を把握した。堰堤等の防災施設の設計に使用する図面作成のためUAV搭載型レーザスキャナにて被災地を計測し，点群処理ソフト(テラスキャン)により処理し，堰堤設置箇所を検討するためのコンター図を作成した。

１）使用機器

搭載したレーザスキャナはRIEGL　miniVUX-1UAV(図３-78)である。

項　目	仕　様
総合精度	25/35mm@100mRange
IMU精度	Altitude　0.009°　Heading 0.019°
重量・サイズ	3.5Kg・300×99×85mm
測距距離	250m@60%
計測速度	最大100,000回/秒
１パルス当りの最大ターゲット数	5

２）UAV搭載型レーザスキャナによる計測

最初に，後処理で必要となる調整用基準点を設置した。調整用基準点は鋲を用い，計測された点群から判読できるよう反射板を使用して標識(図３-80)を設置した。

UAVの機体DJI　Matrice600Pro４(図３-79)に上記のレーザスキャナを搭載し計測した。

フライト計画は，現地の情報と要求精度に合わせ，有効計測幅，コース間隔を考慮した。UAVの対地高度は約80mとし，山腹斜面の形状に合わせて常に一定となるようにした。

また，計測は，バッテリーの持続時間を考慮し，フライトを３分割し実施(図３-81)するとともに，IMUの精度値を判断するためのキャリブレーション飛行を実施した。

計測中は機体から送信されてくる点群データ(図３-82)をパソコン上でリアルタイムに確認しながらフライトを実行した。

図3-76　山腹崩壊

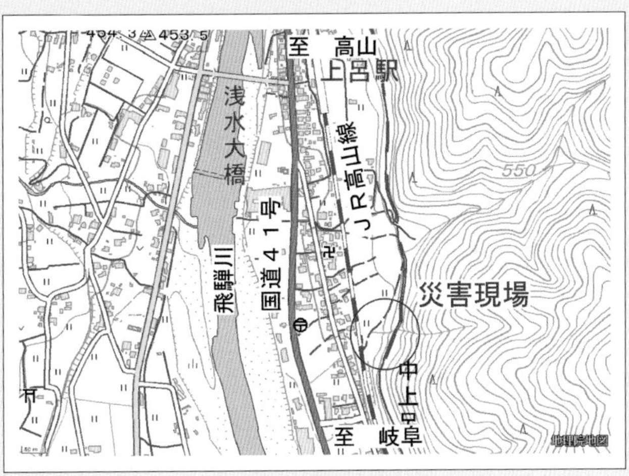

図3-77　位置図

図3-78　miniVUX-1UAV

図3-79　Matrice600Pro4

図3-80　調整基準点と標識

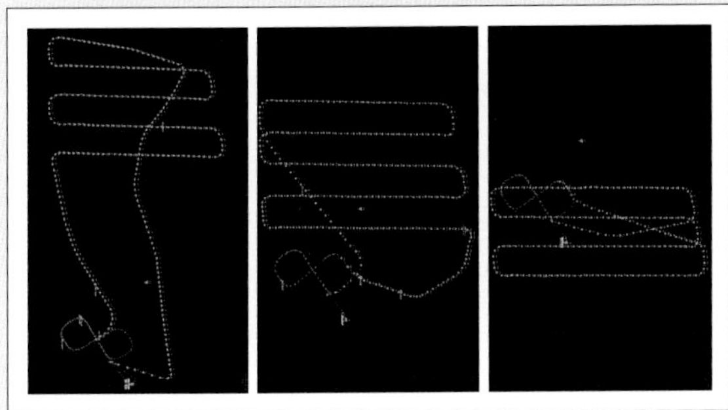

図3-81　フライト計画

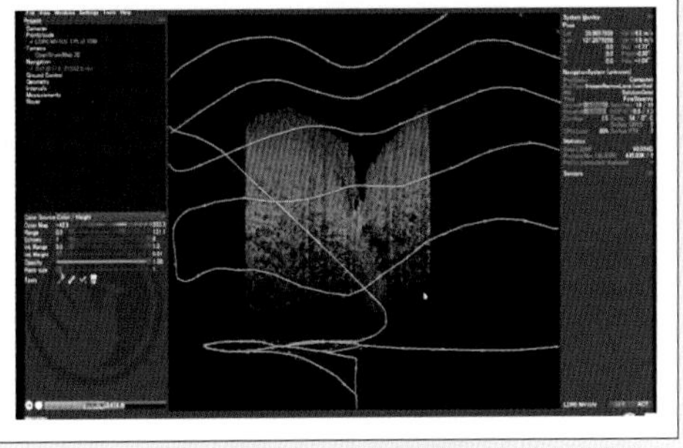

図3-82　受信状況

3）取得したデータの後処理解析

キネマティック解析とIMU統合解析により，往復解析の姿勢角の較差確認および座標差を確認し，ノイズ除去処理を施し３次元の点群を生成した。その後，隣接コースとの標高較差を確認し，調整用基準点により水平位置および高さを確認し，結果に応じた調整を行い，オリジナルデータ（図３-83）を作成した。

オリジナルデータを基に山林部の樹木等植生データを取り除くフィルタリング処理しグラウンドデータを作成した。この段階ではデータ密度が不均一であるため，データ密度を一定にするためメッシュデータを作成し，メッシュデータから自動で等高線データを生成させコンター図を作成した。

3.10.4　結果及び成果

UAV搭載型レーザスキャナを活用して，DSM陰影図（図３-84），DEM陰影図（図３-85）およびコンター図（図３-86）を作成した。また，設計に必要な箇所の縦断図や横断図も３Dモデルより作成した。

計測に際し，フライト計画が正しくされているかを確認するため本フライトの前に，小型UAVのDJI Phantom 4にてテストフライトを行い計画に問題の無いことを確認した。

現地作業は崩壊した危険な山腹に立ち入ること無く，安全に終了することができた。15ha程度の面積をわずか１日で計測でき，緊急時の時間短縮効果は十分あったと評価する。作業効率の向上と作業人員の削減から，コスト面においても十分満足のできる結果であった。

3.10.5　今後の展望

UAV搭載型レーザスキャナは，災害等の緊急対応に有効な技術である。また，災害時のみならず地形測量をはじめ，森林関係，農業関係，土木建設等へと市場は確実に拡大している。建設分野では，建設生産システムの向上を目的に i-constructionの導入が進められ，３次元データの活用が望まれている，これらの３次元データの生成には，レーザ技術は大変有効であるとともに，作業時間の短縮など生産性向上にも寄与できると考える。

我々の業界においても，UAV搭載型レーザスキャナの有効性を認識し，技術提案して行くことで，建設分野のみならず，他分野への市場開拓が可能であると考える。

参考文献

・地理院地図（電子国土Web）https://maps.gsi.go.jp/development/ichiran.html

［野田　透，早川　和夫　（(株)テイコク）］

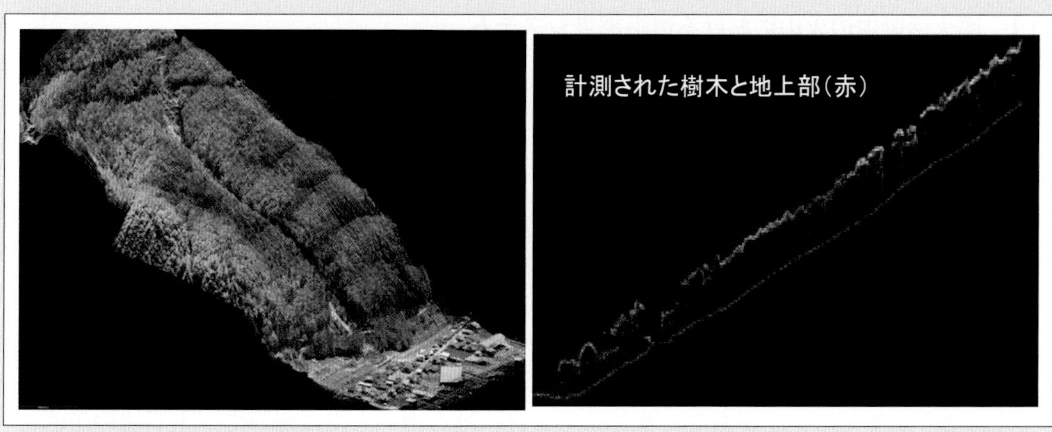

図3-83　オリジナルデータ

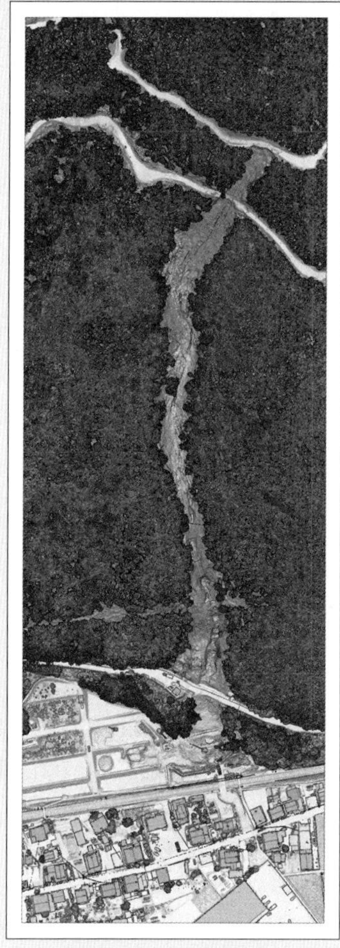

図3-84　DSM陰影図

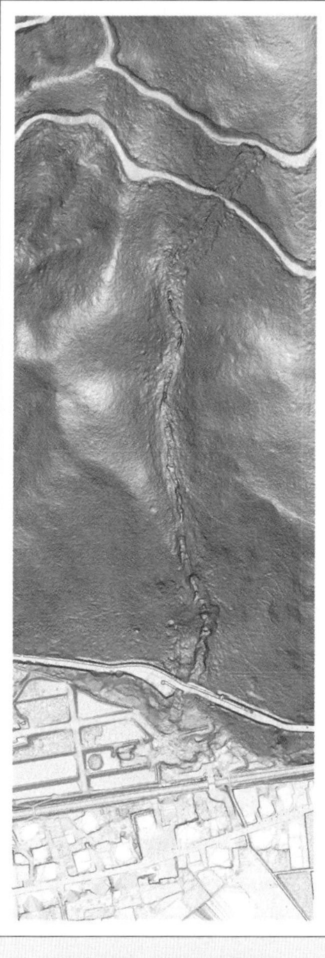

図3-85　DEM陰影図

図3-86　コンター図

3.11 噴火活動中の火山における遠隔調査システム

3.11.1 背景・目的

火山の噴火活動に伴って降灰や火砕流などが発生すると，火山からの噴出物が広い範囲にわたって地表を被覆し，この影響で土石流が頻発する場合がある。また，火山噴出物の性状は同一の火山であっても噴火イベントごとに変化し，土石流の発生しない場合もある。しかし，土石流が発生する場合にはその被害範囲は，火砕流など火山活動に伴う一次的な被害範囲を超過して拡がる可能性もあるため，火山噴火に伴う土石流の発生予測のための火口周辺の噴出物の調査は，防災対策上重要な課題となっている。

一方，噴火活動中の火山周辺では，火山弾や火山ガス，火砕流などのリスクから図３-87に示すように立ち入りが規制されるため，火山噴出物の調査は規制区域の外側の安全なエリアから遠隔操作により実施する必要がある。本システムは，噴火中の火山において，土石流の予測に必要な情報として火山噴出物の性状や地形などの情報を，UAVを用いた遠隔操作により収集するシステムであり，火口周辺の規制区域内の作業を無人化することが可能となった。

3.11.2 対象地域

本システムは，噴火活動中の火山周辺において利用することを想定したシステムである。本システムの開発中または完成後に，本システムを実際に利用する災害事例は発生していなため，実際の災害現場ですべての機能を利用した運用事例は無い。しかし，本システムで開発・改良を行ったUAVの飛行機能の向上や通信システムは，2014(平成26)年の御嶽山噴火，2015(平成27)年の箱根火山の噴火などの現場で一部の機能が実用された。また，本システムの開発にあたっては，各種の調査用の装置などを作成し，実証実験を行った。実証実験は，桜島，雲仙普賢岳，富士山，浅間山などを利用して実施した。

3.11.3 解析方法

本システムの開発コンセプトを図３-88に示す。システムは複数の調査用装置から構成され，いずれもUAVで運搬し，現地に設置または回収する機能を有している。

図３-89は火山噴出物の堆積厚さを計測するためのスケールとそれを投下するための装置である。火山噴火の前兆を把握した時点で，本装置によりスケールを投下し，噴火後に計測を行うことを想定している。火山噴出物の堆積を想定した予備実験の画像(図３-90)により大きさを変えたスケールにより堆積厚さを把握できることを確認した。

図３-91は，火山噴出物の透水性を確認するための装置である。予め一定量の水を収めたゴム風船を格納し，地表に着地すると自動で水を排出して水の流下状況を動画で撮影し，水の浸透する様子を確認して透水性を確かめるものである。全国の火山の火山噴出物を収集し，予備実験(図３-92)を行ったところ，火山噴出物の性状により浸透の様子が大きく異なることを確認した。

図３-93は，火山灰を採取するための装置である。逆回転する２本のローラーによって地表をかき取り，土砂を捕捉する仕組みとなっている。予備実験では装置が枯れ木などの障害物の上に乗って土砂が採取できない場合もあったので，動画を撮影する小型カメラも装備し，土砂を採取している状況を把握できるようにした。複数の火山で実証実験を行い，１回におよそ100g程度のサンプルを採取できることを確認した。

図３-94は，地上移動用ロボットである。四輪駆動のため不整地でも高い走行性能を有し，大型の車輪を有するため反転しても走行可能な構造となっている。ロボットの前面には小型のカメラを装備し，遠隔操作により周囲の状況を確認して運転を行う。移動ロボットの中央には観測機器を格納するスペースを設けており，簡易な雨量観測機などのセンサを格納して適切な位置まで

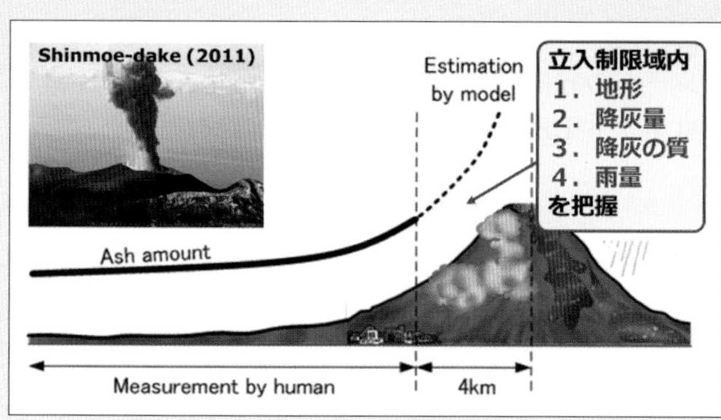

図3-87　火山噴火と立入り規制土石流予測に必要な情報

図3-88　噴火中の火山周辺における土石流予測システムのイメージ

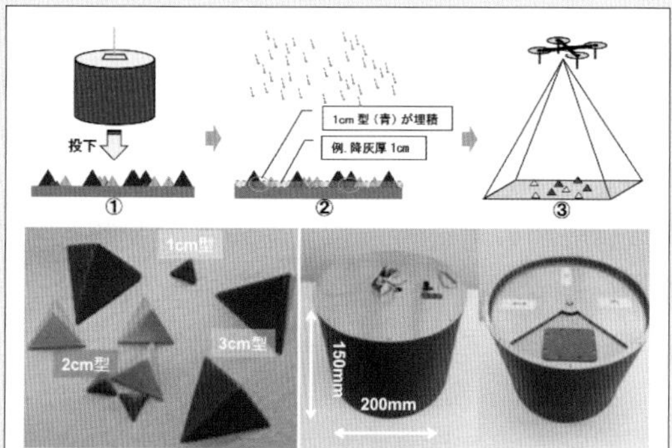

図3-89　火山噴出物の計測用スケールとその投下装置

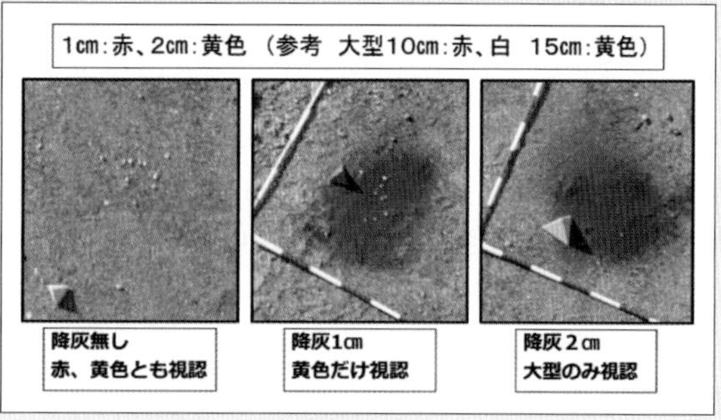

図3-90　火山噴出物計測用スケールを用いた予備実験(UAVからの画像)土石流予測計算の例

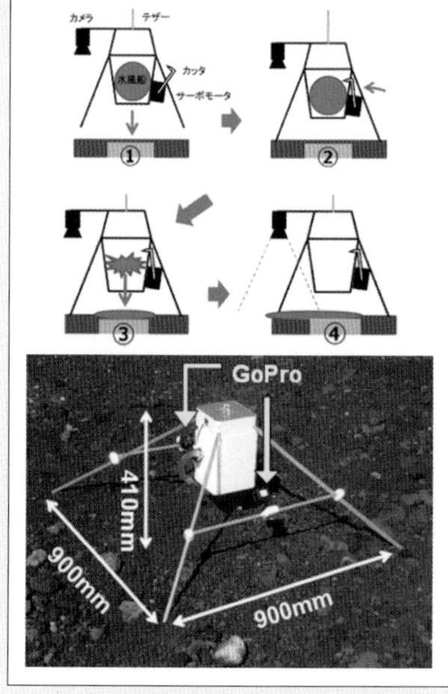

図3-91　火山噴出物の透水性を確認するための装置

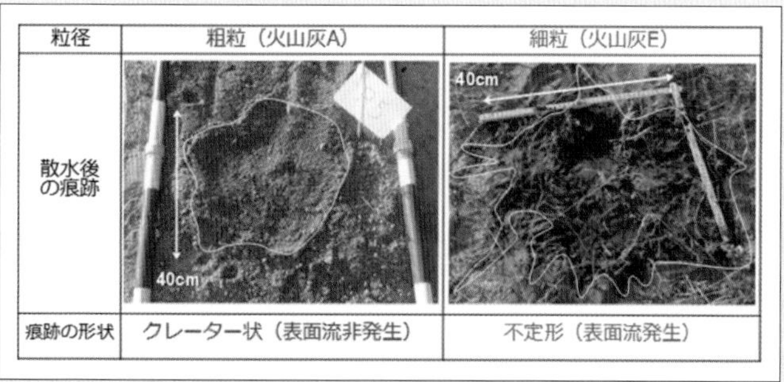

粒径	粗粒（火山灰A）	細粒（火山灰E）
散水後の痕跡	40cm	40cm
痕跡の形状	クレーター状（表面流非発生）	不定形（表面流発生）

図3-92　火山噴出物の透水性の確認実験の結果火山灰の透水性の違いによる流下痕跡の差

移動することを想定している。図３-95は，移動ロボットをUAVにより運搬し，回収する実証実験の様子を示している。四角錐の形のフレームの底面にネットを張った構造であり，UAVによってフレームを懸架して運搬し，地上移動ロボットを遠隔操作によりフレーム内に移動ロボットを誘導することができる。

3.11.4　結果および成果

本システムでは，遠隔操作による調査で得られた情報を用いて，土石流の氾濫予測計算に用いるパラメータを設定し，図３-96に示す手順で予測計算を行うことを計画している。従来技術では，立入り規制区域内の情報を得られず，推定値によって予測計算を行うことも想定されていたが，本システムの実用化によって現地で取得した情報を予測計算に反映することが可能になるため，各種の防災対策の判断材料となる予測結果の合理性や説得力の向上につながるものと考えている。図３-97には，雲仙普賢岳(長崎県)の山麓部をモデル地区として行った予測計算(通常の場合と火山灰により地表の透水性が低くなった場合)の結果を示している。

3.11.5　今後の展望

自然災害は，火山活動の他に豪雨や地震，津波などの激しい現象によって発生する。UAVのようなIT・ロボット技術は，従来技術ではモニタリングできなかった災害現象の観測や危険作業の回避を可能にすることが期待される。特に，UAVや映像機器などの低価格化・高性能化が果たす役割は大きく，自然災害のモニタリングや機構解明の可能性を拡大するものと考えられる。本システムでは火山噴火における土石流災害を対象として調査のためのシステムを開発したが，今後も従来技術では不可能だった新たな災害対策のためシステム開発に取り組みたい。

謝辞・その他

本システムの開発プロジェクトは，東北大学・工学院大学・株式会社イームズラボの共同研究チームで取り組んだ。本稿で紹介したシステムは，国立研究開発法人新エネルギー・産業技術総合開発機構(NEDO)の助成を受けて開発した。また，現地における実証実験のため国土交通省(大隅河川国道事務所，雲仙復興事務所，富士砂防事務所，利根水系砂防事務所)の協力を得た。本システムは，2018(平成30)年10月に第８回ロボット大賞国土交通大臣賞を受賞した。さまざまな議論・援助により開発を支援していただいた多くの方々に感謝する。

［島田　徹，皆川　淳，永田　直己　(国際航業(株))］

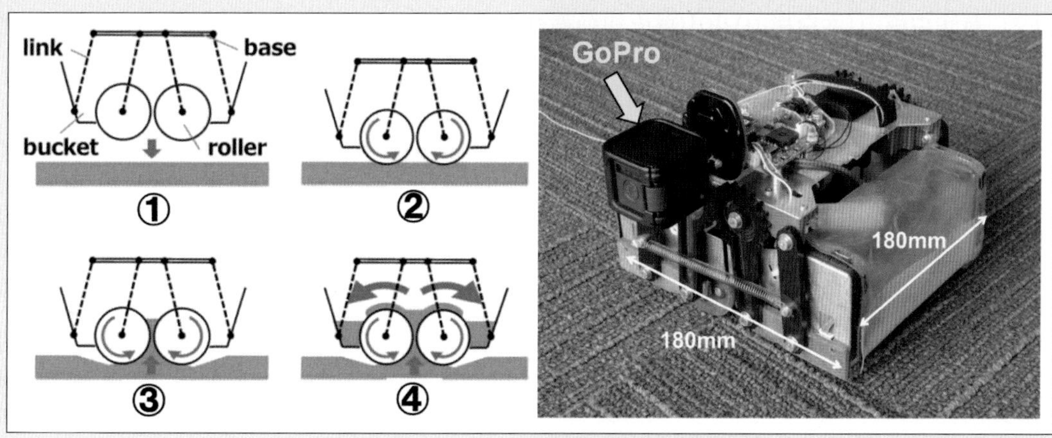

図3-93　火山噴出物を採取するための装置

図3-94　地上移動ロボット

図3-95　地上移動ロボットの運搬・回収実験のようす

降灰厚スケールで降灰厚を確認

↓ 1cm以上

サンプリングデバイスによる概略粒度評価
表面流確認デバイスによる表面流確認

マトリクスで評価　↓ 現場で即時的に判断

粒度 ＼ 表面流	細粒主体		粗粒主体（砂分以上）
	より細粒	細粒	
クレータ状		-	樽前、霧島　等
不定形	阿蘇、三宅等	桜島　等	-

より危険 ←

↓

シミュレーションには特性の類似した火山灰のパラメータを採用

図3-96　調査によって取得した情報を利用するフローチャート

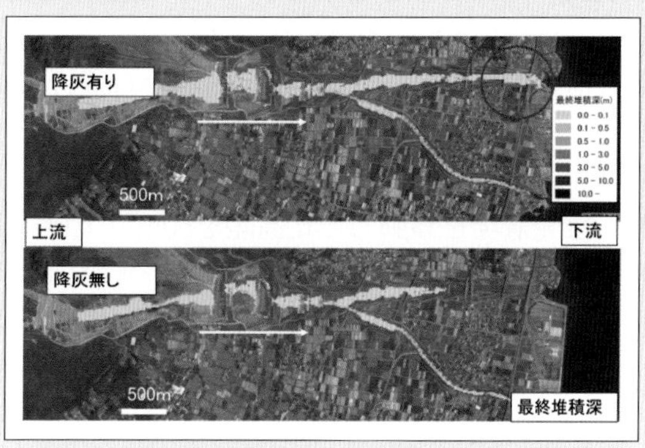

図3-97　雲仙普賢岳山麓における土石流予測計算の例

3.12 草津白根山(本白根山)火山噴火初動調査支援

3.12.1 はじめに

近頃，世界規模で火山活動が活発化しており，イタリア・シチリア島の世界遺産に登録されている欧州最大の活火山のエトナ山やインドネシアジャワ島とスマトラ島の間のスンダ海峡にある火山島アナク・クラカタウ山が噴火している。日本においても西之島の拡大，霧島山，口永良部島，草津白根山(本白根山)などの噴火によって被害も発生している。火山噴火による被害は直接的な火砕流や噴石などの他，火山灰による農作物への影響や航空機のエンジン支障など多岐にわたるが，その噴火の予測に関する活動や噴火後の状況把握は重要な課題である。ここでは，2018(平成30)年１月23日に突然噴火した本白根山において利根川水系砂防事務所の災害時等応急対策業務に関する協定に基づきUAVを用いた現地状況の把握を試みたため，それに関連する事例を紹介する。

3.12.2 対象地域の状況と課題

草津白根山では，白根山の湯釜付近が近年に活発な活動をみせていたが，噴火した本白根山は火山性地震や地殻変動などの前兆が観測されていなかった。突然の噴火・噴石によりスキー場で訓練中の陸上自衛隊員が１人死亡，ロープウェイ乗客を含む11人が負傷する被害となった。噴火口の位置が不明確であり，迅速な状況把握が求められたが，天候不良などから有人機による調査が困難であった。

本白根山の噴火後は，噴火警戒レベル３(入山規制)が設定され火口周辺２kmへの立入が規制された。この立入規制によってUAV調査における飛行距離が長大となり，さらに規制範囲外から山頂付近を撮影するため比高差が増大した。そこで，航続距離および飛行時間を満足できる表３-14に示した２つの機材を選定した。また，航空法の制限である対地高度150m以上の空域を超えた約500mの高高度飛行を要することから，図３-98に示す航空法が定める規定の適用を除外する特例の運用(航空法132条３)を災害協定に基づき通知して航空局から承諾を得た。

立入規制圏外に位置するスキー場が１月27日より再開し，多くのスキー客が訪れる状況となり，UAVを安全に運航するために災害対応を行う自衛隊，警察，消防を含む各関係機関やスキー場を運営する草津観光公社との連絡調整を行った。

気温が常時氷点下となる気象条件の厳しい中ではバッテリーの消耗が懸念されるフライトとなるため，飛行時間をできるだけ短くし，安全面を重視した撮影の計画を立案した(図３-99左)。なお，計画時点では図３-99にある火口列や火口は確認できていないが，参考のため記載した。

3.12.3 フライトからウェブページを通した情報公開

噴火後から天候に恵まれず，撮影の機会は４日間の待機後の１月28日に得られた。本番フライトの前に予察飛行で山麓駅離発着場から飛行して噴火口を撮影可能な地点に到達できるか確認した。その結果，山麓駅からでは機体の上昇限界である対地高度500m以上を必要とするため，噴火口周辺の撮影において安全な離隔を得られないと判断した。そこで，山麓駅から青葉山ゲレンデへ離発着場を移動して比高差を50m以上確保して撮影計画を図３-99右に再立案した。また，既にスキー場は再開されているため，青葉山ゲレンデ離発着場は，リフトの横，かつ，数メートル四方の場所となり，規制線を設けて一般のスキー客などに対する安全に配慮した(図３-100，図３-101)。青葉山ゲレンデ離発着場から有視界飛行で数回の本番フライトをして図３-102に示す目的の１つである本白根山斜面下部降灰範囲の地表状況を捉えることができた。なお，撮影現場では極寒の中で少しでも飛行時間が多く確保できるようにバッテリーを保温しながら複数フライトの予備バッテリーを準備した。事前に情報は得ていたものの，当日の現場では噴火警戒レベ

表3-14　使用機材

機材種別	小型無人航空機①		小型無人航空機②
名称	Inspire２	X５S	PHANTOM 4 PRO
メーカー	DJI	DJI	DJI
形式	４軸電動マルチローター	小型カメラ	４軸電動マルチローター
大きさ	モーター間隔0.6m	185×145×142mm	モーター間隔0.35m
重量	本体3.8kg	318g	本体1.38kg
特徴	飛行時間20分前後	静止画 2080万画素	飛行時間30分前後 小型カメラ：2000万画素
外観			

a　飛行目的

b　飛行範囲（地域名又は都道府県名及び市区町村名，緯度経度（世界測地系）による飛行範囲）

c　最大の飛行高度（地上高及び海抜高）

d　飛行日時（終了時刻が未定の場合はその旨を連絡）

e　機体数（同時に飛行させる無人航空機の最大機数）

f　機体諸元（無人航空機の種類，重量，寸法，色等）

g　飛行の主体者の連絡先

h　飛行の依頼元（依頼に基づく場合）

図3-98　航空法132条3に基づく通知すべき情報

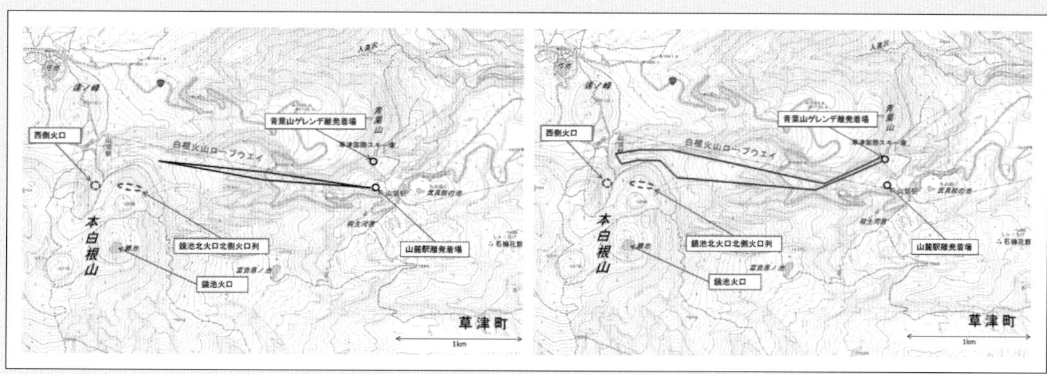

図3-99　撮影計画（左：当初　右：変更後）

ルや噴火状況，風向きなど変化する様々な状況を踏まえた臨機応変な対応が要求された。

撮影終了後に，一般の住民や観光客等が現場の状況を的確に理解できるようにウェブページでの情報公開を目的として撮影した映像の切り出しやテロップ入れなどの編集を行った。撮影翌日には国土交通省関東地方整備局利根川水系砂防事務所に映像のリンクや記者発表資料が公開された。図３-103に掲載された資料から噴火口をとらえた図を示す。

3.12.4　おわりに

この本白根山の噴火に関する活動は，とても厳しい作業環境の中で，様々な関係者の協力を得て完遂したが，有事の際の協力体制を事前に準備することの重要性を強く感じた。草津白根山周辺の自治体では協議会を作って防災対応を検討していた。想定外箇所からの噴火であっても事前の準備を応用して被害を最小限にすることができる。状況把握は災害の初動における重要な課題であるが，今回の調査によってUAVによる情報がその防災対応支援の一端を担える可能性が確認された。

謝辞・その他

今回の噴火で被災された方や関係者の方々にお見舞い申し上げます。また，国土交通省関東地方整備局利根川水系砂防事務所や自衛隊，警察，消防，草津観光公社を含む関係者の皆様には，多大なるご指導，ご協力をいただきました。ここに改めて御礼申し上げます。

参考文献

・国土交通省関東地方整備局　本白根山噴火による対応について
http://www.ktr.mlit.go.jp/kisha/tonesui_00000142.html(accessed 4 Jan.2019)
・記者発表資料
http://www.ktr.mlit.go.jp/ktr_content/content/000692994.pdf(accessed 4 Jan.2019)

［大森　康至　（朝日航洋(株)）］

図3-100　2か所の離発着場

図3-101　青葉山ゲレンデの規制線

図3-102　降灰範囲の撮影画像

図3-103　UAVが捉えた噴火口（ウェブ掲載 記者発表資料からの転載）

第3章

3.13　UAVレーザによる大分県耶馬渓災害での緊急計測対応

3.13.1　災害概要と現地の状況

2018(平成30)年４月11日(水)の未明に，大分県中津市耶馬渓町(図３-104)にて，幅約200メートル，長さ約240メートルの幅で土砂崩れが発生し，家屋４軒が土砂に巻き込まれ６名の死者を出すなどの被害をもたらした。本災害の特徴は，まとまった降雨や地震などが直接的な原因でないことが挙げられ，発生原因が特異であったことにある。発災後，現地では消防・自衛隊の関係機関による行方不明者の捜索が行われていたが，崩壊箇所や崩壊斜面上部からの二次災害の恐れがあり難航しており，災害の状況把握が課題となっていた。

3.13.2　UAVレーザ計測の実施

１）現地調査

UAVレーザ計測は，UAV搭載型レーザ計測システム(図３-105)を用いて，発災２日後の４月13日(金)に実施した(高橋ら(2015)，水野ら(2017))。計測範囲は，二次災害の危険性がある崩壊斜面上部や周辺地形状況を把握するため，崩壊箇所より広く設定し，計測は0.1m×0.1mに１点のデータ取得できるように計画して実施した。計測諸元は(表３-15)に示す。なお，本システムには空中写真を取得するために，デジタルカメラも搭載している。

２）データ解析

取得したデータは有人機の航空レーザ測量と同様，GNSS/IMU計算，３次元点群データを作成し，樹木等を分類除去するフィルタリング解析を行って，地表面のデータを作成した。

本計測は災害対応であり，現場地形の速やかな把握が必要とされていた。よってデータ解析も速やかに行い，計測翌日の４月14日には災害対策本部をはじめとする関係機関へデータを提供した。

なお，大規模災害時には，解析要員も同行する事により，速報データを30分程度で作成することも可能である。天然ダムによる湛水状況や，降雨による崩壊土砂の流出等を監視することで，二次災害を発生予測するための資料としても活用する事もできる。

3.13.3　結果および成果

１）災害対策本部への提供データ

災害対策本部をはじめとする関係機関へ提供したデータは，３次元点群データ，地形起伏図(特許第5587677号)，オルソ画像，断面図(図３-106，図３-107，図３-108)等である。

また通常の計測データでは確認する事が困難な亀裂や浮石の状況を可視化するため，下層のオリジナルデータを再統合処理したS-DEM(Substratum Digital Elevation model)も作成した(図３-109，千田ら(2013))。通常の３次元点群データは，データの利活用性を考慮してデータをメッシュ化してしまうが，微地形の判読性に課題があった。S-DEMは浮石，倒木等の微地形を可視化することができる事から，道路斜面防災等に利活用されており，斜面崩壊等の災害においても有効活用できる。UAVレーザによる高密度点群データは，可視化できる浮石等の微地形を多く取得出来ており，救助を行っている災害現場では大いに活用された。

２）取得データの高度利用

災害前の３次元データが整備されていれば，比較断面図から崩壊深の計測や，差分解析から崩壊土砂量の算出がすることが可能であるが，当該地区では災害前のデータがなかった。そこで国土地理院の５mDEMデータを使用して比較解析を実施した(図３-110)。ここでは，５mDEMと0.1mDEMとで差分解析をおこなっているため参考資料としたが，おおよその崩

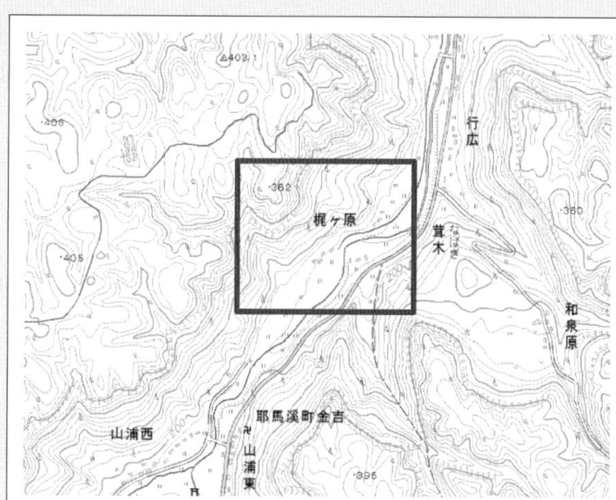

図3-104　災害発生箇所

図3-105　UAVレーザ計測システム

表3-15　計測諸元

計測コース数	10コース
フライト数	2フライト
コース間ラップ	50%
対地高度	60m
計測点密度(単コース)	1点/0.1m×0.1m

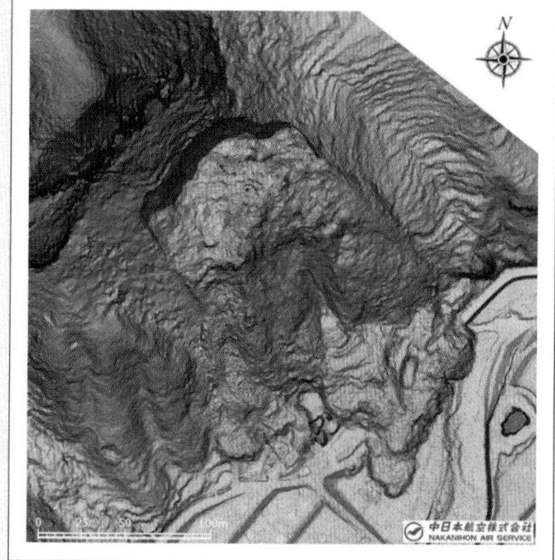

図3-106　地形起伏図

図3-107　オルソ画像

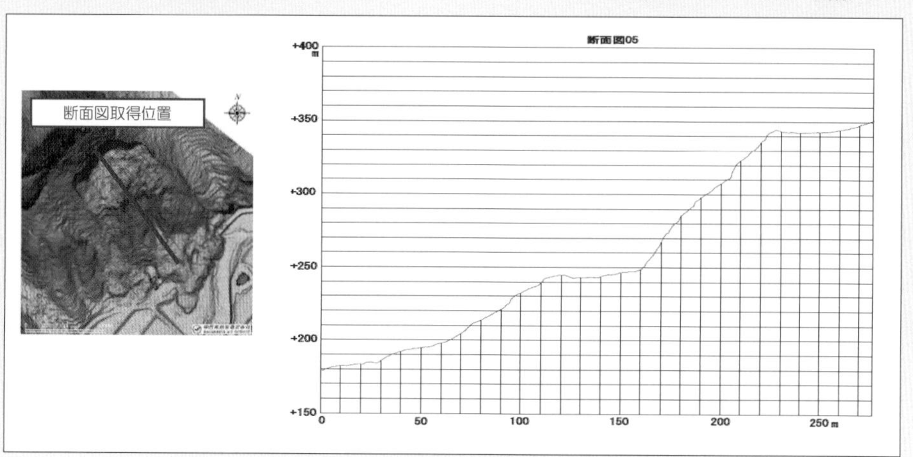

図3-108　断面図

壊土砂量や崩壊深さなどの算出も行い，関係機関への報告を行った。

本災害で使用したUAVレーザ計測システムは，高密度で高精度な３次元データ取得が可能なことから，災害状況の把握だけではなく，対策工事の検討・詳細設計にも活用できるデータであるため，計測データの有効性は非常に高い。加えて，本災害のように発生のメカニズムがわからない場合などには，詳細なデータを取得することで，従来の手法では把握できなかった知見を得られる可能性がある。

なお，災害箇所周辺の地形データからは，過去の崩壊地形などが確認できた(図３-111)。崩壊周辺部では以前から崩壊を繰り返していた事が確認され，高密度３次元データによる災害予防への利活用にも期待したい。

3.13.4　今後の展望

UAV搭載型レーザシステムによる災害対応の事例を紹介したが，災害の規模や範囲，現象により色々な調査手法が考えられる。例えば，有人機による空中写真撮影や航空レーザ測量は広域作業には向いているが，UAVレーザ計測は広域作業対応が難しく，狭域の詳細データ取得を得意とする。また，空中写真は解像度が高い視認性の高い写真データは取得できるが，航空レーザ測量にように樹木下の地形データ取得はできない。このように災害の規模，内容によって適切な調査方法を選択する必要があるが，UAVレーザ計測は災害現場で解析データを迅速に提供できるため，時々刻々と変化する災害対応においては，利用価値が高いといえる。

最後に，被災された皆様には，謹んでお見舞い申し上げます。被災箇所の１日も早い復旧をお祈り申し上げます。

参考文献

・髙橋弘，高野正範，宮山智樹，若松孝平，瀬口栄作，2015(平成27) 年．超小型モバイルレーザ計測装置のUAVへの適用　先端測量技術107号，p 102-114

・水野洋平，髙橋弘，皆木美宣，高野正範，河村倫明，竹本憲充，2017(平成29) 年．UAVレーザを用いた施工現場に対する出来形管理への適用性検討　先端測量技術109号，p 55-63

・千田良道，高野正範，2013(平成25) 年．転石・岩盤斜面調査を目的とした航空レーザ測量の課題改善　2013(平成25)年度日本写真測量学会学術講演会発表論文集，p 85-88

［髙橋　弘，皆木　美宣　(中日本航空(株))］

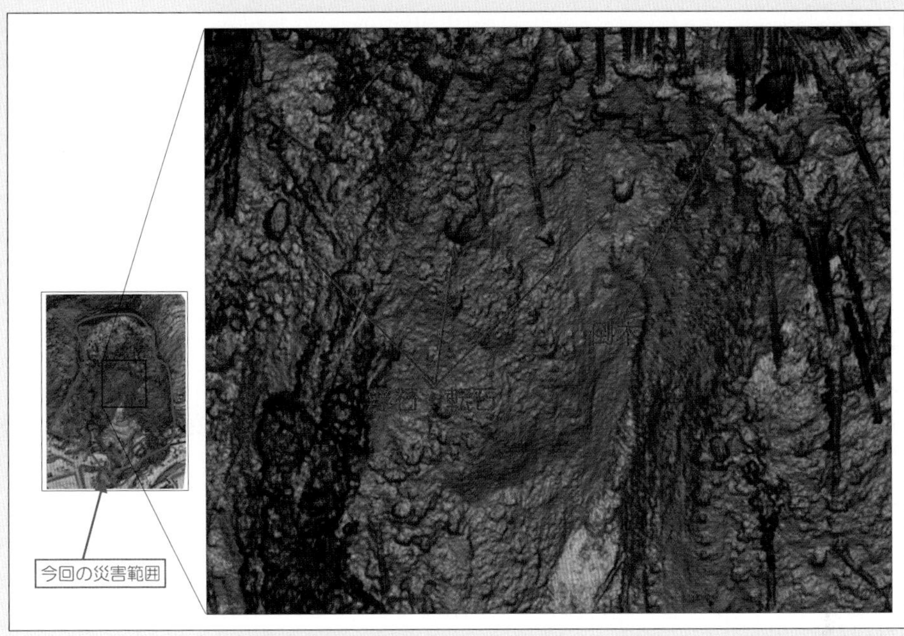

図3-109　S-DEMによる浮石，倒木の状況

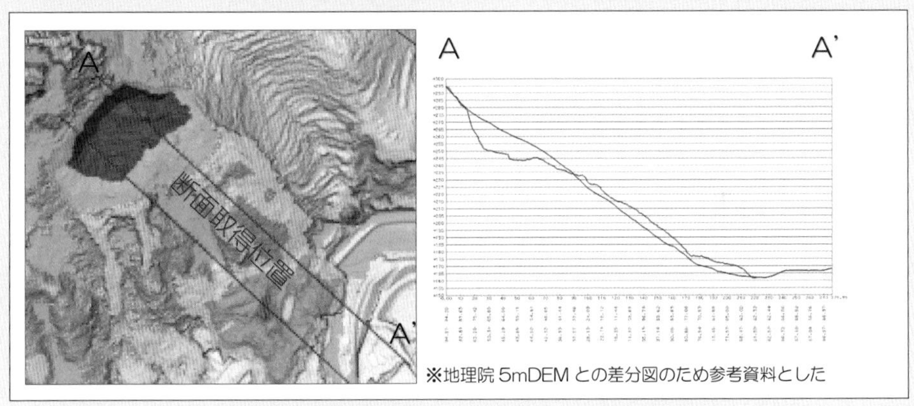

図3-110　地理院５mDEMとの差分解析図，断面図

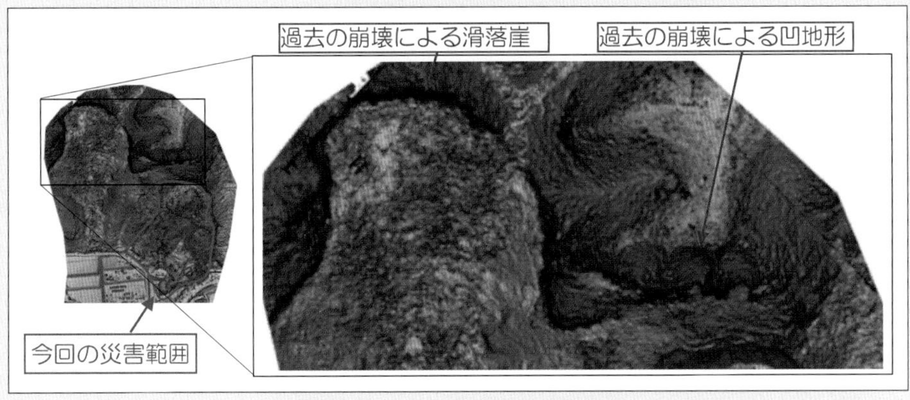

図3-111　過去の崩壊地形の確認

第4章　i-Construction分野での利活用

4.1　概要

4.1.1　i-Constructionについて

i-Constructionは，国土交通省が掲げる31の生産性革命プロジェクトのひとつで，調査・測量から設計，施工，検査，維持管理・更新までのあらゆる建設生産プロセスでICT等を活用した抜本的な生産性向上を目標に2016(平成28)年に導入された取組みである。

衛星測位技術やIoTの急速な発展を踏まえ，i-Constructionを進めるための以下の３つの視点が整理されている。

①「建設現場を最先端の工場へ」

②「建設現場へ最先端のサプライチェーンマネジメントを導入」

③「建設現場の２つの『キセイ』の打破と継続的な『カイゼン』」

また，これらの3つの視点のトップランナー施策として以下の３つを定めて推進している。

①「ICTの全面的な活用(ICT土工)」

②「全体最適の導入(コンクリート工の標準化等)」

③「施工時期の平準化」

とくに「ICTの全面的な活用(ICT土工)」は，2008(平成10)年から試行されている情報化施工で，その効果は最大で約1.5倍の施工量の効率化が確認されている。国土交通省では，今後は，建設生産プロセス全体を３次元データで繋ぎ，施工の高度化や品質の確保とともに，オープンイノベーションによる新技術開発に活用することとしている(図４-１)。

4.1.2　UAVを用いた i-Construction

本章では，UAVを用いた i-Construction分野の５件の事例を紹介する。紹介する事例等を表４-１に整理した。

［林　義政　((株)パスコ)］

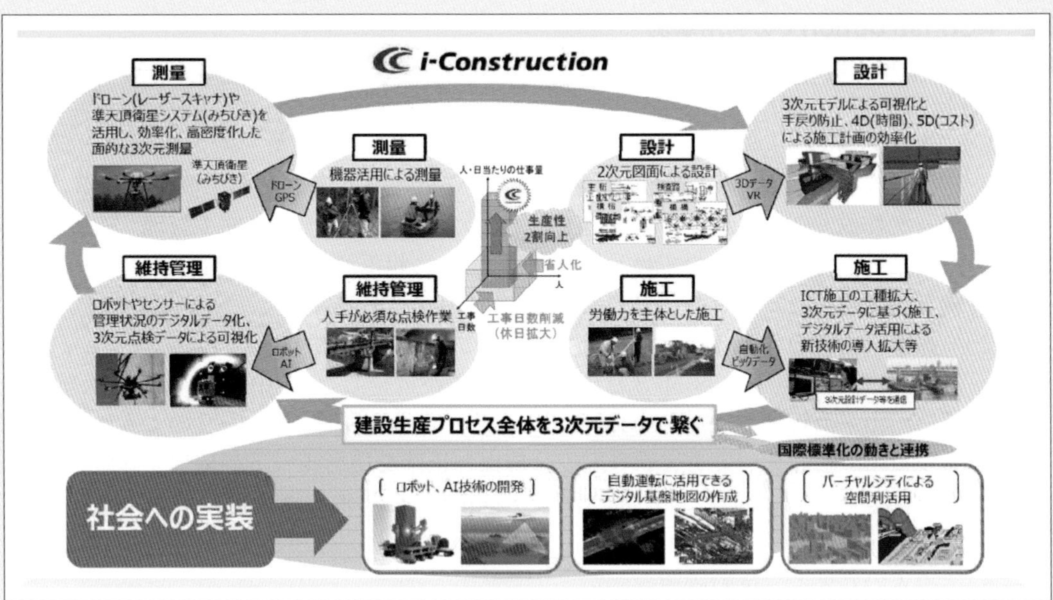

図4-1　i-Constructionの深化×Open Innovation
出典：国土交通省生産性革命プロジェクト

表4-1　事例のテーマとキーワード

節	テーマ	キーワード
4.2	○道路土工 ○急傾斜地砂防工事 ○道路管理 ○電力施設設計	・UAV写真測量，３次元起工測量，出来形計測 ・安全管理・品質管理・出来形管理 ・UAVレーザ計測，MMS
4.3	○災害復旧工事	・UAV写真測量，３次元起工測量，中間計測，出来形計測 ・現場業務支援システム ・UAVレーザ計測，精度検証
4.4	○計測機器の紹介 ○計測手法とその特徴	・地上設置型レーザ ・UAVを用いた空中写真測量 ・UAVを用いた空中写真による３次元点群測量 ・UAVレーザ
4.5	○大規模造成工事 ○比較検討	・２種類の地上画素寸法による実証実験 ・測定精度の比較 ・作業時間の比較 ・土工管理における目的別飛行方法
4..6	○性能評価	・汎用型レーザスキャナ ・高規格レーザスキャナ
	○マニュアル類 ○ソフトウェア	・UAVを用いた公共測量マニュアル(案) ・UAVを用いた出来形管理要領(土工編)(案) ・UAV搭載型レーザスキャナを用いた公共測量マニュアル(案) ・SfM

4.2 i-Constructionでの利用事例

4.2.1 ICT活用工事での事例

1）道路土工

（1） 工事概要

国土交通省発注のICT活用工事（ICT土工）では，①３次元起工測量，②３次元設計データ作成，③ICT建機による施工，④３次元出来形管理等の施工管理，⑤３次元データの納品を行う。本工事では，図４－３のように起工測量および出来形計測をUAV写真測量で実施した。工事概要は，表４－２のとおりである。

（2） 撮影計画での留意点

計測は，2016（平成28）年３月に国土交通省が策定した『空中写真測量（無人航空機）を用いた出来形管理要領（土工編）（案）』に準拠した。現場は，図４－２のように供用している現道に隣接していることから，安全確保と正確な撮影ルートの確保を考慮し，起工測量も出来形計測と同様に地上画素寸法１cmとして対地高度を低くおさえた計測を行った。

（3） 導入の効果と今後の課題

起工測量では，従来のTSによる測量に比べ作業日数は１/４に短縮，費用面は２/３に削減され，生産性が向上した。また，工事全体では，費用面では３次元設計成果の作成等の増加のため，従来工法より1.3倍となったが，作業日数は28日短縮する効果も確認された。

課題として，UAV写真測量を行う場合には，対象となる目的物（現地盤）に草木等の支障物があると正確な測定できないため，準備工で除去作業の日数を考慮することや，季節変動による天候の影響（降雨・降雪，風等）を考慮することも必要である。

2）急傾斜地の砂防工事

（1） 工事概要

本工事現場は，図４－５のように由比地区の約50度の急峻な地形である。作業性が悪く安全に配慮した工事を行うため，起工測量にUAV写真測量等の手法を取り入れ，安全管理・品質管理・出来形管理等の向上を試行した。工事概要は，表４－３のとおりである。

（2） 撮影計画での留意点

現場では，近傍に電線があることや，海から吹き上げる風がある状況であることを考慮し，マニュアル飛行による撮影を行った。計測当時は出来形管理要領が検討中だったため，急傾斜地で精度を確保するために標定点・検証点を多く配置した。

（3） 導入の効果と今後の課題

起工測量では，検証点での最大誤差は平面で－3.4cm，標高で－1.3cmとなり，高い精度で計測を行うことができた。この成果をもと作成した図４－７に示す２mピッチの横断図では，従来手法での測量成果では考慮されていない地形変化点が反映でき，より正確な土量算出が可能となった。また，本工事では施工方法を３次元化することで，危険要因の排除や新規入場者教育や安全教育訓練に活用するなど，安全意識の向上にも活用された。

表4-2　工事概要（道路土工）

工事名	跡地区道路改良工事
工事場所	山形県酒田市（工事延長700m）
発注者	国土交通省東北地方整備局 酒田河川国道事務所
施工者	株式会社 丸高
工　期	2016（平成28）年７月～2017（平成29）年３月

図4-2　施工現場

図4-3　UAV写真測量による起工測量

図4-4　起工測量の点群データ

表4-3　工事概要（砂防事業）

工事名	H27年度　由比大久保地区道路整備工事
工事場所	静岡県清水区（工事延長100m）
発注者	国土交通省中部地方整備局富士砂防事務所
施工者	木内建設 株式会社
工　期	2016（平成28）年１月～2017（平成29）年２月

図4-5　施工現場

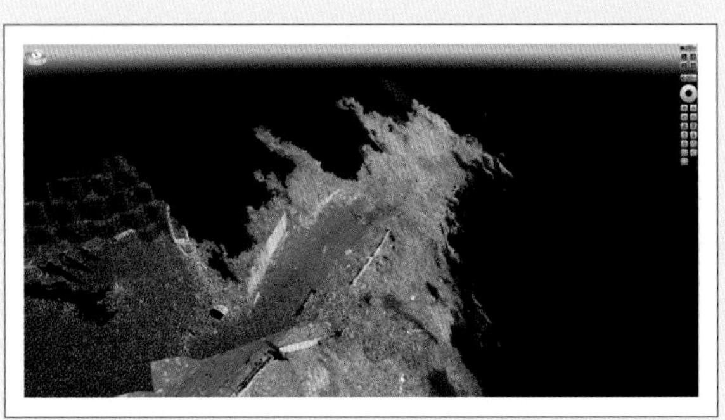
図4-6　起工測量の点群データ

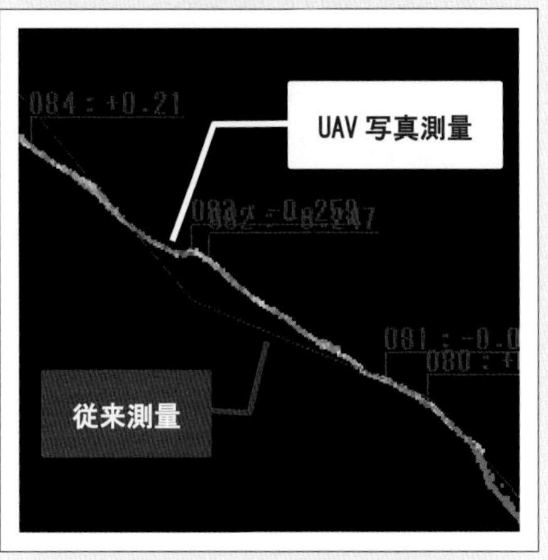

図4-7　従来測量とUAV写真測量の比較

4.2.2　3次元測量での事例

1）道路施設管理のための計測

（1）　実施概要

本計測は，目視確認が困難な法面等の変状箇所を把握することを目的に試行した。降雨による規制区間内を対象とし，UAVレーザおよびMMS(モービルマッピングシステム)により道路施設の高密度点群データを取得した。試行の概要は，表4-4のとおりである。

（2）　UAVレーザによる計測

UAVレーザ計測は，MMSによるデータ取得が困難な道路法面を中心に行い，沿道の地形から対地高度80m程度で実施した。レーザスキャナは，測定レート500,000点/秒，取得する点群密度は100点/m^{2}程度とした。近傍の電子基準点を使用して位置精度向上を図るほか，現地に設置した調整用基準点を用いてデータ調整を行った。

（3）　計測結果とその利用

計測の結果，UAVレーザ計測の精度は，標高は最大値0.01m，標準偏差0.004m，水平位置は最大0.09m，標準偏差0.05mとなった。MMSと組み合わせた道路施設の点群データは，図4-9のように取得でき，目視ができない箇所の形状確認や任意の断面抽出が可能となった。これまでの道路防災点検でのカルテ対応である継続モニタリング箇所等の点検に活用するとともに，とくに監視が必要な個所では，定期的なレーザ計測による差分解析やUAV写真による確認等を検討していく予定である。

2）電力施設設計のための計測

（1）　業務概要

本業務は，新設工事の設計に必要な諸資料を作成するため，基準点測量等の地上測量UAVを用いた写真撮影およびUAVレーザ計測によって3次元形状を計測した。業務の概要は，表4-5のとおりである。

（2）　UAVレーザによる計測

測量の精度は，『公共測量作業規程の準則』および『UAVを用いた公共測量マニュアル(案)2017(平成29)年3月改正』に準じて実施した。レーザ照射密度は50点/m^2，標高精度(標準偏差)は15cm以内とした。計測は，計測範囲の地形とレーザ照射頻度，飛行速度，飛行高度等から，データ密度を満たすようサイドラップも考慮し，図4-10のとおり飛行した。計測レートは500,000点/秒，対地高度50mで計測した。

（3）　計測結果とその利用

計測コース間格差の補正や5か所の調整用基準点の成果を用いた補正を行い，図4-11，4-12のようなオリジナルデータを作成した。補正後の基準点上の現地測量成果との標高の較差は4.2cm(標準偏差)であった。レーザ計測結果から，中心線縦測量および線下縦断測量等を行った。なお，一部の植生の密集箇所では現地測量による補備を実施した。

［渡辺　智晴　(アジア航測(株))］

表4-4　試行概要（道路施設管理のための計測）

試行場所	国道７号　新潟県村上市 （UAVレーザ計測1.2km）
管理者	国土交通省北陸地方整備局 羽越河川国道事務所
実施者	アジア航測株式会社
期　間	2018（平成30）年10月～2019（平成31）年１月

図4-8　UAVレーザ機材

図4-9　取得した点群データと断面図・現地状況

表4-5　業務概要（電力施設設計のための計測）

業務名	Ｋ線新設工事に伴う技術測量業務
業務場所	茨城県鹿島地域（UAVレーザ計測0.1km^2）
発注者	東京電力パワーグリッド株式会社
実施者	アジア航測株式会社
工　期	2017（平成29）年10月～2017（平成29）年12月

図4-10　飛行コース

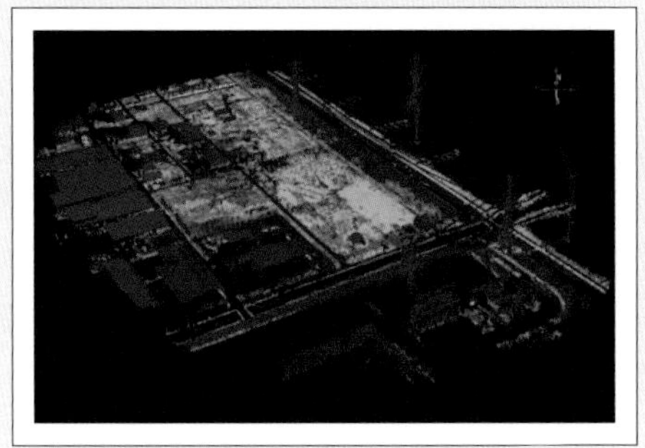

図4-11　取得した点群データ

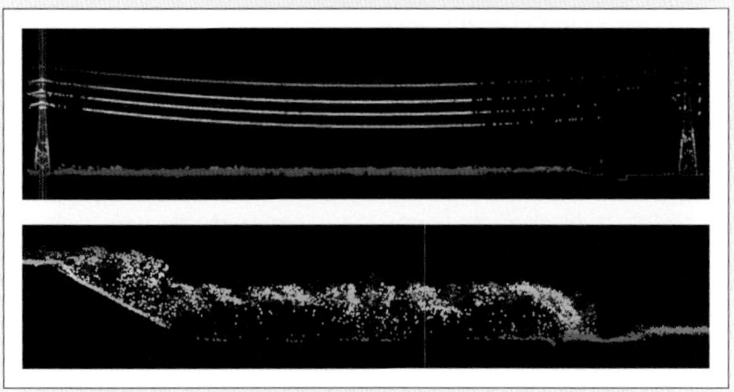

図4-12　電力線，樹林地での点群データ

第4章

4.3　i-Constructionでの利活用事例および精度検証

4.3.1　背景・目的

国土交通省では，「ICTの全面的な活用（ICT 土工）」等の施策を建設現場に導入することによって，建設全体の生産性向上を図る仕組み（ i-Construction）の構築を進めている。その取り組みの一つに，UAV写真測量を用いた起工測量と出来形計測への適用がある。UAV写真測量は機材を安価に導入でき，後処理を行うStructure from Motion（SfM）ソフトを用いて安易に３次元形状を復元できる為，測量現場や後処理工程の効率化が可能になった。ここでは，UAV写真測量による起工測量と出来形計測の実践から得られた，UAVを利用した i-Constructionにおける利活用事例及び精度検証を紹介する。

4.3.2　対象地域

実践した場所は，2011（平成23）年の台風12号の土砂災害により斜面崩落が発生した山間部にあり，災害復旧工事として河川護岸設置と道路建設が進められている。南北に170m，東西に約125mの現場であり，高低差約80mの急斜面が隣接する切土盛土区間の多い現場でUAVを用いた写真測量を実施した。

4.3.3　解析方法

本現場では，2016（平成28）年８月に起工測量，2017（平成29）年５月に中間現況計測，2017（平成29）年11月に出来形計測を実施した。工事現場を図４-13に示す。この計測では，『空中写真測量（無人航空機）を用いた出来形管理要領（土工編）（案）2017（平成29）年３月』と『UAVを用いた公共測量マニュアル（案）2017（平成29）３月』に基づき，UAV写真撮影と標定点・検証点の計測を実施した。マニュアルの基準に従い，要求精度は0.05m，UAV写真撮影の地上画素寸法0.01m以下，進行方向に90％（OL），70％（SL）の撮影コースを計画した。山間部の高低差のある地形にて0.01mの地上画素寸法を確保するため，地形に合わせた撮影高度をコース毎に計画した。さらに，高低差が大きい地形において，SfMソフトによる処理時の画像マッチングポイント数を上げる為，斜め撮影コースも追加した。本撮影では，隣接する山の日影による写真測量精度への影響を考慮し，東向き斜面を午前，西向き斜面を午後に撮影することで色ムラが少ない画像を取得，画像マッチングによる精度低下や異常点の軽減を図った。

4.3.4　結果および成果

標定点と検証点は，計測日ごとに設置し，その位置座標を計測した。その計測では，短い計測時間で基準点測量ができるネットワーク型RTK-GNSS測量（VRS）を使用した。３次元形状の復元には，SfMソフトウェアであるStreet Factory（AIRBUS社製）を用いた。こうして復元した３次元データと検証点の高さを比較した。平面位置誤差分布を図４-14に，検証点の標高と標高誤差分布を図４-15にそれぞれ示す。分布図から計測日ごとに系統的な誤差が少ない良好な成果を得られたことを確認した。

（株）パスコでは，i-Constructionの現場業務支援システムとして，PADMS i-Conを開発している。このシステムは，土量計算や出来形確認を３次元で確認出来る機能（図４-16）や，電子納品成果の作成支援だけでなく，発注者の立会時や検査時に，施工者が設計データや計測結果の確認を迅速に行える機能を有している。これまで，施工者は設計図と現況地形の違いを確認する為に，複数の図面を準備し，比較・確認する必要があったが，PADMS i-Conでは標準断面，３次元設計データ，および出来形計測時の点群データを同一画面上で重ね合せて表示することができ（図４-17），可視化による業務点検等の効率化を可能にした。

図4-13　UAV計測の現場

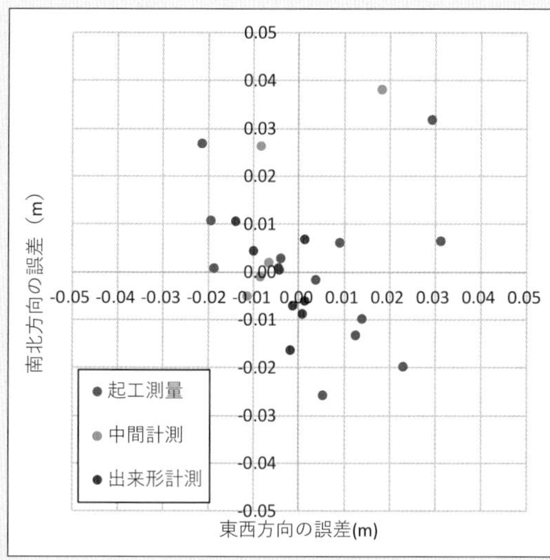

図4-14　平面位置誤差

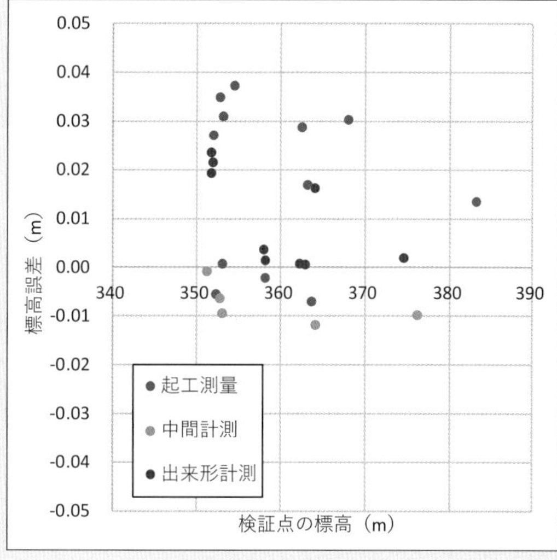

図4-15　標高誤差

第4章

4.3.5 今後の展望

ここで紹介したUAV写真測量では，裸地における計測は出来るが，植生が繁茂した地域の地盤形状を計測することが難しいため，植生が存在することの多い起工測量では，植生被覆域での地盤計測に適しているレーザ計測の適用が考えられる。ここでは，UAVに搭載したレーザ計測の精度検証を記載する。レーザの機器仕様を表4-6，UAV機体の外観とレーザ機器本体を図4-18に表す。

検証地区は，河川堤防で実施し，UAVレーザ点群の位置精度と対地高度の違いによる位置精度への影響を確認した。検証点は，対空標識や人工構造物の明瞭点を用い，その位置をGNSS測量で計測した。UAVレーザ計測は，対地高度30mで平均点間隔は0.077m，対地高度50mで平均点間隔0.082m，および対地高度80mで平均点間隔0.095mの３パターンで実施した。

精度検証では，UAVレーザで計測した点群から検証点を捉えた計測点を抽出し，GNSS測量の位置座標と比較した。図4-19では対地高度と標高誤差および機器スペックから想定される標高精度(期待精度)を，図4-20では対地高度毎に色分けした水平位置誤差分布を示す。実験計測から平均二乗誤差が対地高度30mと50mで0.02m，対地高度80mで0.05mを示し，図4-19から全ての対地高度で期待精度と同等の位置精度を確保できること，更に対地高度80m以下であれば，高度による標高精度への影響は0.03m程度と僅かであることが確認できた。一方，図4-20で示す水平位置の誤差の分布には，対地高度による系統的な傾向は確認できず，対地高度30mの平均二乗誤差が0.09m，対地高度50mが0.08m，対地高度80mが0.10mを示した。平均点間隔と同等な値を示すことから，点間隔による座標の読み取り誤差が影響を及ぼしたと考えられる。本結果から，本レーザ機器による対地高度80m以下のUAVレーザ計測は，明瞭な検証点で0.05mの標高精度を確保でき，対地高度による標高精度への影響が僅かであることを確認した。

ここで紹介した i-Constructionでの利活用事例やUAVに搭載したレーザ計測の検証を参考にして，UAVに搭載できる各種センサの計測特性を理解する事により，i-Construction業務の効率化が図られることが望まれる。

謝辞

UAV写真測量は，松塚建設株式会社の工事現場で実施させて頂いた。また，UAVレーザ計測に関しては，株式会社アミューズワンセルフに協力を頂いた。ここに感謝の意を表する。

［吉永　新一郎　((株)パスコ)］

図4-16　PADMS i-Con　3次元表示画面

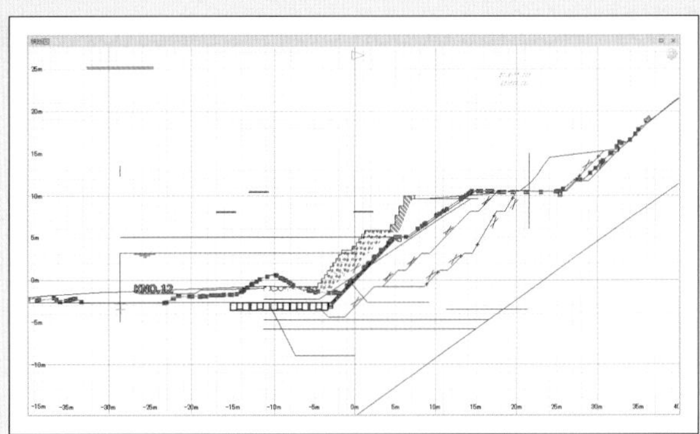

図4-17　PADMS i-Con 断面表示

表4-6　機器仕様

機材	項目	内容
レーザスキャナ	レーザ照射数	4万点／秒
	スキャン回転数	20回転／秒
	計測距離	受光強度≧30% ～200m
	FOV（視野角）	90°（±45°）
	測距精度	4mm@50m（1σ）
	レーザー拡散角	0.3mrad
	フットプリント	12mm@80m
IMU	水平精度	±10mm
	高さ精度	±20mm
	姿勢精度	Yaw ±0.02°、Pitch/Rall ±0.01°
全体	重量	1.8kg

図4-18　UAV搭載型レーザシステム

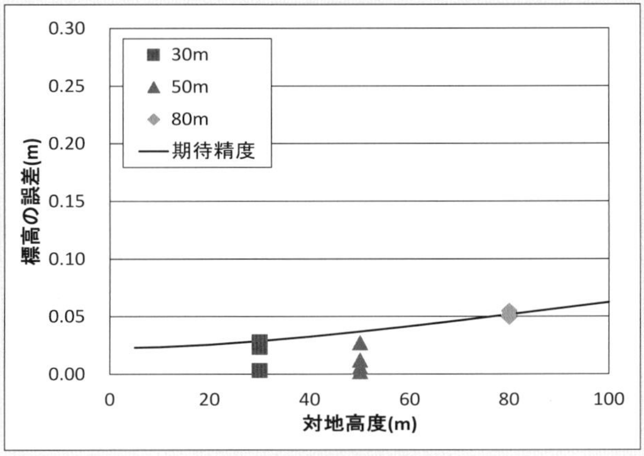

図4-19　標高精度検証結果

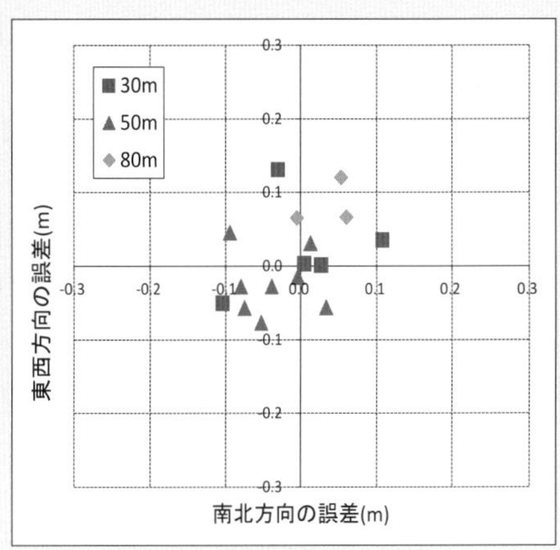

図4-20　水平位置精度検証結果

第4章

4.4 i-Constructionでの利活用事例(UAV搭載型レーザスキャナによる計測)

4.4.1 背景・目的

近年のUAVの普及による活用シーンの急増は言うまでもない。国土交通省が積極的に進めるi-Constructionの中でも3次元測量データの計測方法としてドローン(UAV)が規定されており,その重要性が高まっている。現状では,i-Constructionの地形計測のフローの中では写真測量によるものであるように,i-Constructionでの利活用の多くが写真測量による事例である。それは,通称SfMというユーザーレベルには極めて簡単に扱える解析ソフトの出現によって,それを用いた3次元計測が,特殊な技術ではなくなったことによると考えられる。また,国土地理院はこうした i-Constructionの流れにいち早く対応し,『UAVを用いた公共測量マニュアル(案)』を作成・公表している。

そうした中で,写真測量の弱点を補うべく,航空機レーザによる計測技術とレーザスキャナの小型化・軽量化が進むことにより,UAV搭載型レーザスキャナによる計測が登場している。さらに,2018(平成30)年3月には,『UAV搭載型レーザスキャナを用いた公共測量マニュアル(案)』が発表され,国土地理院が定める新しい測量技術による測量方法の1つとして,特に写真測量では計測不能であった植生下の地表面の位置の把握などに成果をあげることが期待されている。UAV搭載型レーザスキャナによる計測が実用化されることにより,UAVの利活用範囲がさらに大きく広がったことは確かである。

本節では,i-ConstructionにおけるUAV搭載型レーザスキャナによるの活用事例として,計測機器の紹介とその特徴を示し,精度検証を行った後に計測実績を提示する。

4.4.2 計測および解析方法

計測に用いるレーザスキャナを搭載したUAVは図4-21に示す。UAVはペイロードが大きく,交換パーツの入手が容易であることからSpreading Wings S1000+(DJI社製)を採用した。UAVには,レーザスキャナ,GNSSアンテナ,IMU,カメラ等を搭載した。

レーザスキャナはVLP-16(Velodyne社製)で,特徴として,コンパクトで軽量(約830g),屋内外での使用が可能な機器である。本機は,衛星測位により1秒間に1回自己位置を計測する。2台のアンテナで測位し,アンテナ間のベクトルを解析することで姿勢解析の精度を向上する。これによってイニシャライズを短時間で処理することが可能となった。また,IMU(慣性航法システム)によって1秒間に200回姿勢を計測し,自己位置の計測精度を向上している。

レーザスキャナの計測原理は図4-22に示すとおりであり,複数のパルスを取得し,植生下の地表面の計測を可能とし,写真では確認できないグラウンドデータを取得可能としている。

4.4.3 計測手法とその特徴

i-Constructionにおける3次元測量データの取得に用いる計測手法のそれぞれの特徴を表4-7にまとめた。UAVでの計測は現場への立ち入りが少ない点で安全性が高い。また,UAV搭載型レーザスキャナでの計測は,計測範囲全体に一定精度の確保されたデータが取得できることが有利である。また,取得できるデータの特徴として,樹木の間から地表面データを取得できることが有利となる。

Sky i Scanner 1

センサ：**VLP-16　Velodyne**
- 測定範囲 ： 360°（回転ミラー式）
- 有効計測距離 ： 80m
- 最大計測点数 ： 30万点/秒
- 走査レート：20回転/秒
- スキャナ精度：±3cm

カメラ：**Nex5T　Sony**
- 画素数 ： 1600万画素

ナビゲーションシステム：**AP15　APPLANIX**
- XY位置精度［m］ ： 0.050　（withGNSS）
- Z位置精度［m］ ： 0.10　（withGNSS）
- イニシャライズ ：飛行　20秒

GNSSアンテナ

図4-21　レーザスキャナ搭載UAV

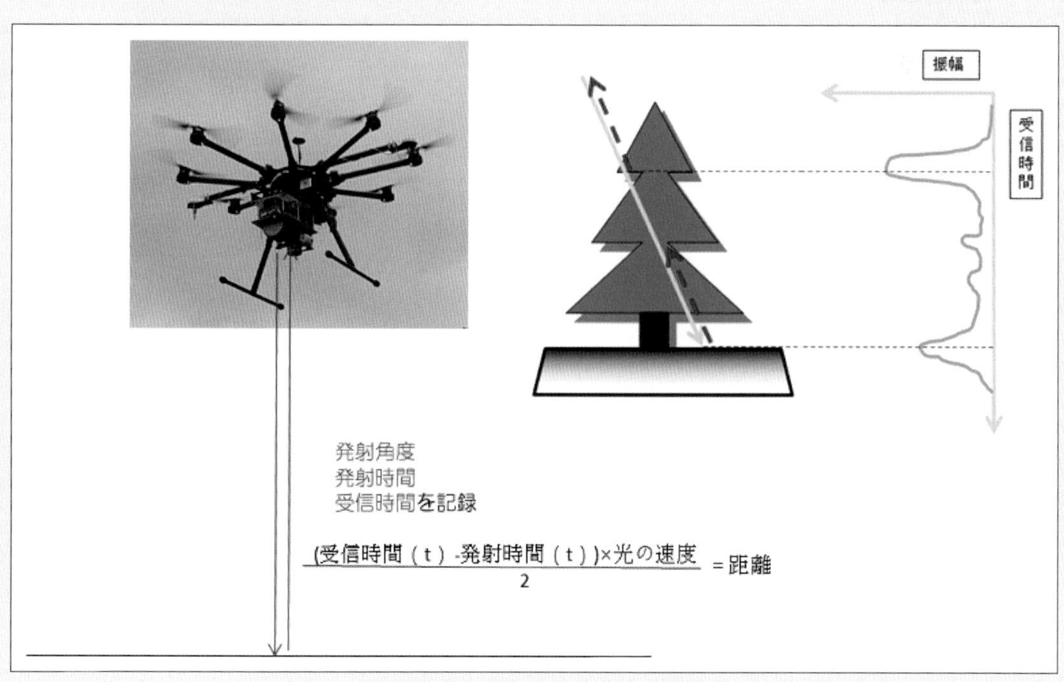

図4-22　レーザスキャナ計測原理

表4-7 計測手法の特徴

	地上設置型レーザ	「UAVを用いた空中写真測量」	「UAVを用いた空中写真による三次元点群測量」	UAVレーザ
安全性	×現場への立ち入りが必要である	◎現場への立ち入りを最小限に抑えることができる	◎現場への立ち入りを最小限に抑えることができる	◎現場への立ち入りを最小限に抑えることができる
コスト	○何回かの据え変え及びデータの結合が必要である	×立体視による図化が必要となる	○処理に時間がかかる場合がある	○解析の処理は必要である
精度	◎全体に一定精度確保された点群を取得できる	◎必要な精度を確保することができる	○特徴点が少ない写真など、精度が必ずしも確保できない	◎全体に一定精度確保された点群を取得できる
3次元データの種類	点群	点、線、面	点群	点群
色状況	色あり	色なし	色あり	現状なし 将来対応予定
3次元データの特性	計測対象との距離によって濃度が変わる	写真から生成することから見えているものの点群となる草木や樹木の表面のデータとなる	写真から生成することから見えているものの点群となる草木や樹木の表面のデータとなる	樹木の隙間から地表面を捉えることができ、草の伐採等をしなくても地表データの取得も可能である

4.4.4 計測結果

精度検証の結果は別途記載しているが，水平・標高ともに数cm以内であるという結果が得られている。計測結果の例を図4-23～図4-25に示す。地表面データはDTM，等高線図，縦横断図として提供される(図4-23)。また，3次元の点群データは，断彩図として示した。

4.4.5 今後の展望

本節では i-ConstructionにおけるUAV搭載型レーザスキャナによるのデータ取得事例を示し，樹木下や空中写真の陰影部における地表面データの取得に有利であることを示した。今後，i-Constructionにおける計測手法はそれぞれの特徴を生かした複合的な手法の利活用になると考えられる。

［西村　芳夫　((株)日本インシーク)］

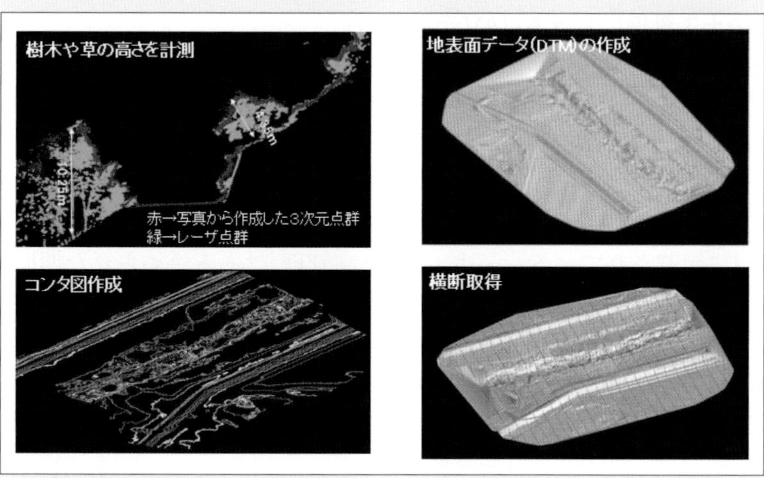

図4-23　UAV搭載型レーザスキャナによる計測結果例

図4-24　計測結果(断彩図；○○大学；2017(平成29)年6月6日)

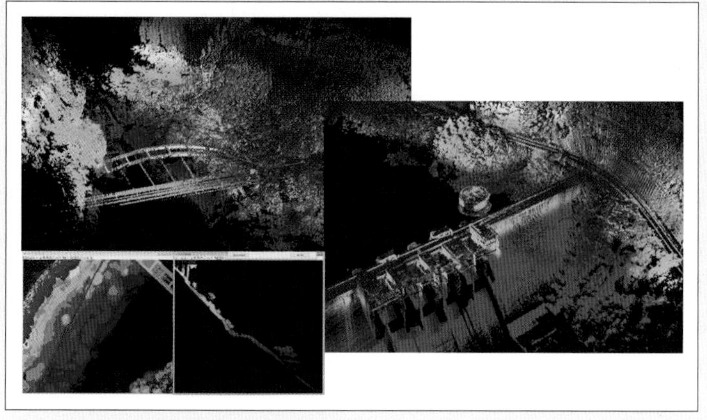

図4-25　計測結果(断彩図；○○ダム；2017(平成29)年5月30日)

4.5 建設工事の土工管理におけるUAV活用事例

4.5.1 はじめに

土工事の施工管理には，盛土などの土構造物の完成形状（出来形）を管理するものや施工の進捗を土量（出来高）で管理するものがある。このうち，「出来形管理」は施工している構造物の完成に合わせて測量機器等を用いて出来形を計測するものであり，国土交通省が推進するi-Constructionにおいては，UAVを用いる手法が『空中写真測量（無人航空機）を用いた出来形管理要領（土工編）』に記載されている。一方，「出来高管理」はある決められた期間内（例えば，週単位・月単位）に施工した工事の数量を，土構造物の場合は土量でもって把握するもので，具体的には土構造物の形状を計測して土量に換算する。日々の施工管理においては土量データがタイムリーに必要となるが，計測精度としては出来形計測より粗い数値が採用されることが多い。

ここでは，出来形管理と出来高管理に求められる計測精度と所要時間の相違といった観点で実施した実工事現場におけるUAV活用事例を紹介する。

4.5.2 異なる２種類の地上画素寸法による実証実験

１）実証実験の概要

本実験は大規模造成工事ヤードの一角（約450m×220m，高低差30m）にて実施した（図４-27，28）。この実験ヤードを地上画素寸法（Ground Sampling Distance，以下GSD）が40mmと10mmの２ケースで空撮して，３次元モデリング（SfMによる解析）を行い，３次元点群データの計測精度と作業時間（現地作業～解析まで）を比較した。表４-８と図４-26に実験で使用した機器と撮影時のパラメータを示す。このパラメータを変更することでGSDを可変としている。なお，撮影した空中写真から３次元点群データを作成し比較するために，PhotoScan（Agisoft社製）とTREND-POINT（福井コンピュータ社製）を用いた。

実験の手順を以下に示す。

（１） 標定点と検証点の設置

A3サイズの標定点と検証点を実験ヤードに設置し，３次元点群データの精度確認に利用した。どちらの実験ケースも標定点11点，検証点６点としている（図４-27，28）。

（２） 標定点と検証点の座標取得

TS測量により実験ヤードに設置した標定点と検証点のXYZ座標を取得した。

（３） UAV飛行と撮影

事前にオーバーラップ，サイドラップ，飛行高度，飛行速度，飛行ルートを求め，UAVの自動航行により垂直写真を撮影した。GSD 40mmの場合は実験ヤード全体を2.5往復（図４-27）して撮影したが，GSD 10mmの場合は5.5往復（図４-28）が必要であった。

（４） ３次元モデリング結果の比較検討

撮影した写真をPhotoScanで解析し，３次元点群データを作成して両者の比較検討を行った。

２）実証実験の結果

（１） 測定精度の比較

２種類のGSDにより得られた３次元点群データ（一例を図４-29に示す）に含まれる検証点の精度を表４-９に示す。i-Construction基準では起工測量では±100mm，出来形測量では±50mm以内の精度を必要としており，GSD 10mmは出来形測量基準を概ね満足している。GSD 40mmはTSとの最大較差がZ座標で93mmであり起工測量の基準を満た

表4-8　使用した機器とパラメータ

		地上画素寸法40mm	地上画素寸法10mm
機器	UAV本体	Inspire1	QC730
	カメラ	ZENMUSE X3	α6000
	レンズ	20mm固定焦点	16mm固定焦点
パラメータ	飛行高度	対地75m	対地50m
	飛行速度	4.6m/s	3.5m/s
	オーバーラップ	90%	90%
	サイドラップ	60%	60%
	ｼｬｯﾀｰｽﾋﾟｰﾄﾞ	1/1250	1/1250
	ISO	100	200
	絞り値	2.8	5.6
	インターバル	2秒	2秒

図4-26　現場におけるUAV飛行

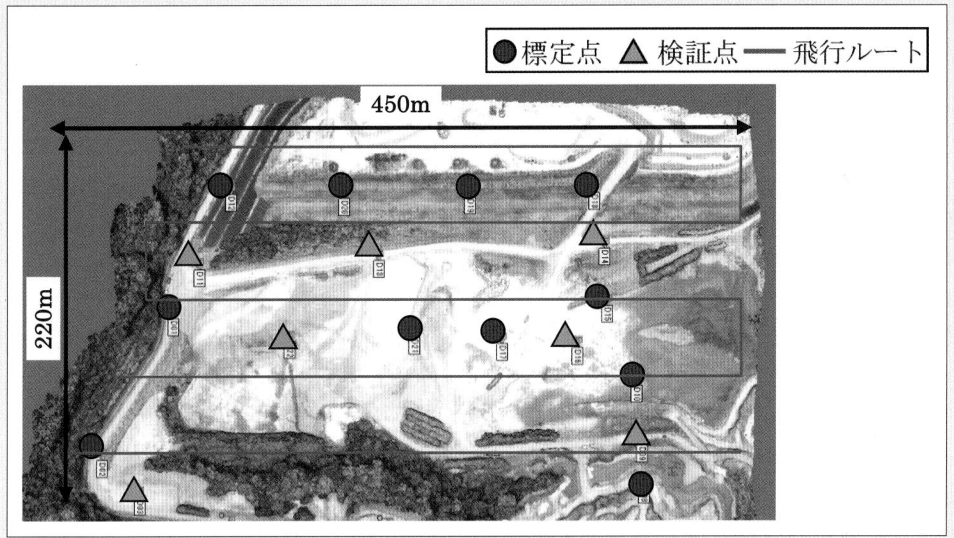

図4-27　実証実験における空撮範囲（GSD=40mm）

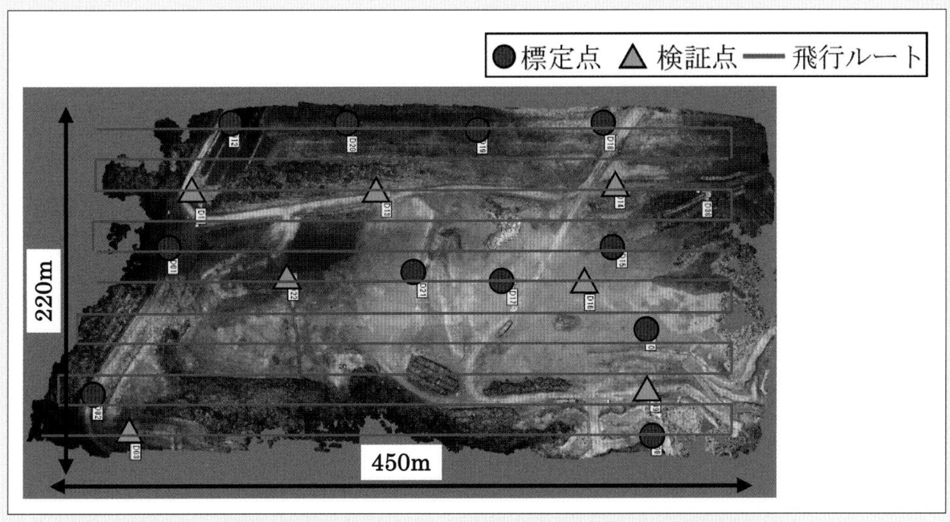

図4-28　実証実験における空撮範囲（GSD=10mm）

していることが分かる。また，前出の出来形管理要領によると，部分払い用出来高(土量)計測において算出値を100%計上しない場合は，検証点の精度は±200mm以内であればよいとされている。この基準とGSD40mmを比較すると，Z座標の最大較差は要求精度の半分以下となっていることから土量の出来高管理に十分活用できると考えられる。

（2） 作業時間の比較

２種類のGSDによる作業時間を図４-30に示す。まず，現地での作業時間(飛行)を比較する。GSD 10mmの場合UAVの飛行時間は36分であるのに対し，GSD 40mmの場合は９分と１/４の飛行時間で作業が終了した。空中写真の解析時間については，GSD 10mmの場合は写真のアライメントと３次元点群データ作成を合わせて約43時間要することに対して，GSD 40mmの場合はおよそ１/７の約６時間となった。

空中写真のGSDを粗く設定するとUAVの飛行高度が高くなるため撮影範囲が広がるとともに，設定した撮影ラップ率を満足するためにUAVが飛行速度を上げ，結果として飛行時間が短くなっている。また，このことにより空撮写真枚数が減ることとなり，解析時間が削減されるといった効果が確認できる。

以上をまとめると，GSD 40mmの空中写真を用いて３次元モデリングを行うことは，GSD 10mmと比較して約67%の作業時間を削減できることが明らかとなった。

4.5.3 土工管理における目的別飛行方法について

図４-31に土工管理にUAVを活用する場合の運用方法をまとめた。GSDを40mmとすることで３次元点群データの精度は落ちるが，より広い範囲を短い時間で解析することができる。これを定常的に実施される出来高管理に適用すれば，より短い作業時間でかつタイムリーに土量データを得ることができるようになり，土量の計測頻度を増やすことが可能になる。このように土工管理を出来形管理と出来高(土量)管理に区別して考え，それぞれに適したUAVの運用を上手く使い分けることで，土工管理全体の生産性を上げられると考える。

参考文献

・早川健太郎，黒台昌弘，木付拓磨，2017．土工管理にUAVを活用する場合の効果的な運用方法について，土木学会第72回年次学術講演会第Ⅵ部門，pp. 1471-1472.

［黒台　昌弘　(安藤ハザマ)］

図4-29　３次元モデリングで得られた点群データの例

表４-９　３次元点群データの精度

	TS測量との座標較差（検証点）					
	X SD(mm)	Y SD(mm)	Z SD(mm)	X MAX(mm)	Y MAX(mm)	Z MAX(mm)
GSD 40mm	22	21	41	56	54	93
GSD 10mm	19	36	17	35	61	32

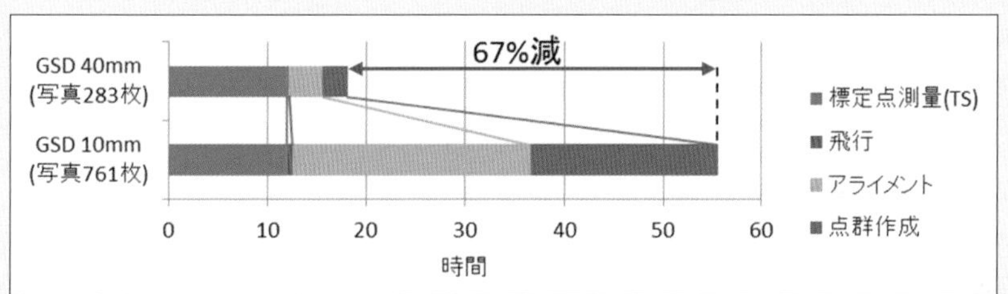

図4-30　異なるGSDでの作業時間比較

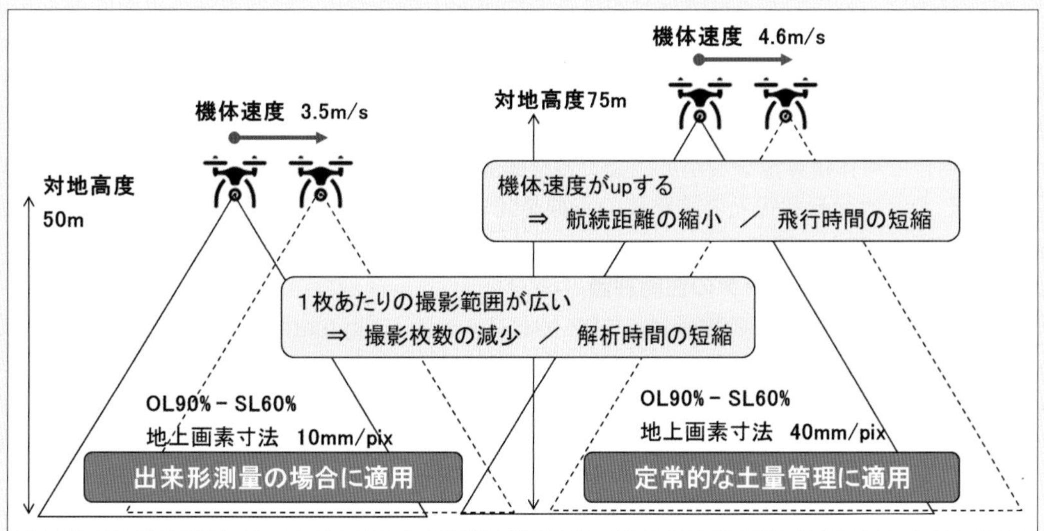

図4-31　土工管理における目的別のUAV飛行方法

4.6 建設分野におけるUAVレーザの基礎的な検証事例

4.6.1 はじめに

建設分野では，i-Constructionの推進によって画像を用いた３次元形状復元による点群の活用が一般的になった。しかしながら，植生によって視通の得られない地盤や特徴量の少ない新しいコンクリート構造物などでは形状復元が困難である。同様な課題を抱えていた有人機による植生部の地形取得は，空中写真測量から航空レーザ測量への技術の変遷，さらにはフィルタリング処理や微地形の表現手法の開発へと繋がって発展を遂げている。それゆえ，UAVにおいても直接的な３次元点群を取得できるUAV搭載型レーザスキャナ（以降，UAVレーザと記す）が普及しつつある。さらに，2018（平成30）年３月に国土地理院から『UAV搭載型レーザスキャナを用いた公共測量マニュアル（案）』が公開されてUAVレーザの運用を促進している。一方，UAVレーザの構成は価格や精度も含めて千差万別であり，搭載するセンサの重量/精度と飛行時間とのトレードオフの関係が憂慮される。そこで筆者らは，市場の状況に合わせて，まず自動運転のセンシングなどに用いられる軽量で汎用的なレーザスキャナを評価し，つぎに測量用の高精度・長距離計測および高照射レートを有する高規格なレーザスキャナを評価した。それぞれのレーザスキャナの性能に合わせたGNSS/IMUを選択し，レーザスキャナとGNSS/IMUを統合したLiDAR USA社製のレーザスキャナユニットを検証した。ここでのUAVレーザの基礎的な性能評価は，建設現場を対象として実験した結果である。

4.6.2 汎用型レーザスキャナの性能評価

汎用的なレーザスキャナの検証は，プラットフォームにDJI社Matrice 600Pro（図４-32）を採用し，表４-10の諸元に示すVelodyne社VLP-16を組み込んだレーザスキャナユニットを使用した。このレーザスキャナは，直下方向を中心に飛行方向の前後に角度をつけて16方向のレーザ光を照射し，飛行の直交方向に周回スキャンする。入射角の異なる照射によって植生域の透過率や構造物の壁面などの取得率の向上が期待できる。

図４-33に示す宅地造成中の建設現場の約200m×100mの範囲を評価対象に平坦部を基準として対地高度40m，飛行速度３m/s，３コースを設定して2017（平成29）年１月に計測した。図４-34に示す点群の段彩図では，機器特性によって基準面から55m程度までの点群を確認できた。性能評価は，離散的な点群では対空標識の観測が困難なため，対空標識の平面座標を用いて半径10cmの円筒に含まれる点群を内挿して最確値を求めて高さを評価した。図４-35から対空標識に対する平均二乗誤差は，調整点を用いない場合で±10cm程度であり，調整によって±４cm程度まで改善された。これによりUAVレーザが相対的な精度を有し，災害などの調整点を設置できない場合でも体積算定などが可能なことを確認した。また，土工の出来形計測に対応した手順で実施した３次元形状復元と調整後の点群を比較した結果，ほとんどの差分が±10cm以内にあることが図４-36より確認できた。

4.6.3 高規格レーザスキャナの性能評価

高規格なレーザスキャナの検証は，プラットフォームにSkymatiX社のX-LS１（図４-37）を用いて，表４-11に示すRIEGL社VUX-１HAを組み込んだレーザスキャナユニットを使用した。X-LS１は，約８kgを搭載しても10分程度の飛行時間を実現し，十分な運動性能を有した。表４-10と比較して表４-11のレーザスキャナユニットは，位置・姿勢を高い空間分解能で計測し，測距精度±５mmの高精度で測距可能なことを確認できる。

評価データは，2018（平成30）年５月に造成中の建設現場の約200m×100mの範囲を使用して図４-38に示すオルソ画像の全域をおおよその作業範囲として取得した。ここでは，機器の安定

図4-32　VLP-16を搭載したMatrice600Pro

図4-34　UAVレーザの段彩図

表4-10　レーザスキャナユニットの諸元

項目	内容
GNSS/IMU	Applanix APX-15 UAV
ロール，ピッチ	0.025°
ヘディング	0.080°
レーザスキャナ	Velodyne VLP-16 Puck
測定レート	300,000点/秒
測距範囲	100m
精度	± 3 cm
FOV	30°（飛行方向） 360°（直交方向）
チャンネル	16

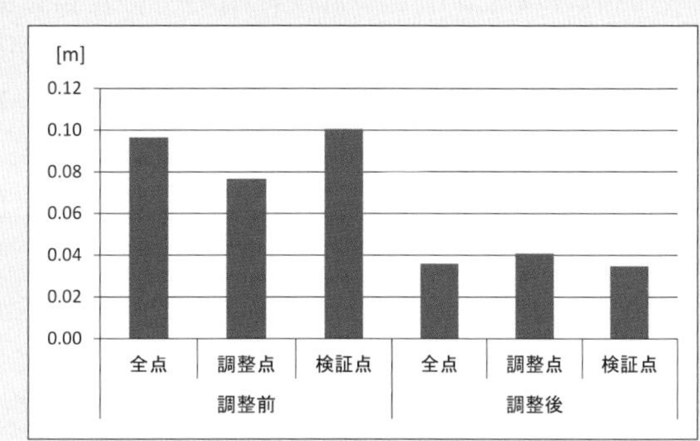

図4-35　対空標識を用いた平均二乗誤差

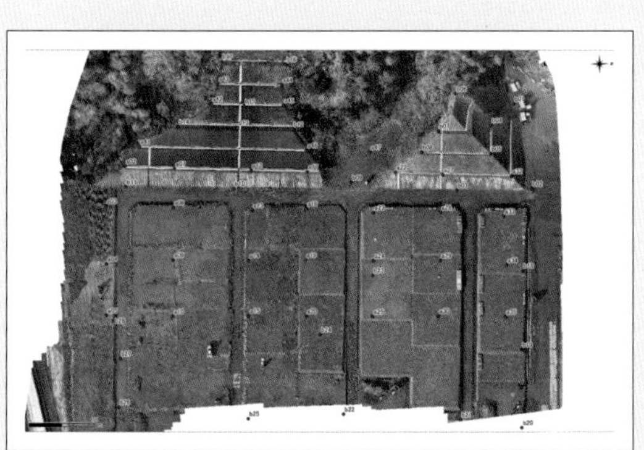

図4-33　作業範囲の景況

図4-36　３次元形状復元との差分結果

第4章

性や計測精度の信頼性などを評価するため，表4-12に示す2種類の計測計画を2コースで立案して同じ設定で3回計測した。計画1の対地高度100mのデータに対して高さ10mの範囲を寒色から暖色に割り当て反射強度と重畳させた段彩反射強度図を図4-39に示す。オルソ画像と段彩反射強度図から台形の仮置き土砂が図の上部中央付近に認められ，水の通り道や一部に水たまりの欠測を確認できる。ここでの性能評価項目は，調整用基準点5点と検証点20点の合計25点を対象に前項と同じ半径10cmの円筒に含まれる点群を抽出して算出した最確値を用いた25点に対する平均二乗誤差(RMSE)，最確値の算出に用いた点のばらつきをみる分散，点のばらつきの最大値と最小値から算出する範囲，最確値の残差の傾向をみる平均，最確値の残差の大きさをみる最大の5項目とした。図4-40の結果から平均二乗誤差および分散が2cm未満であり，最大においても4cm未満を示し，全体の点群のばらつきを示す範囲も7cm程度と精度が高いことが確認できる。一方，計画2の対地高度75mのデータセット2で範囲が約16cmを示したが，隣のコースから照射されたレーザが対空標識の下の地盤に到達した結果であった。なお，評価する点群を抽出する半径10cmを9.6cmに縮めることで範囲が約7cmに改善することを確認した。また，3次元形状復元との比較において基準点網内の50m四方の検証エリア(図4-38の破線枠)では差分のほとんどが±4cmに収まり，高い精度が認められた。さらに，図4-41では画像とレーザの取得時間の差から生じた工事進捗による土量の変化が確認できた。

4.6.4 おわりに

ここでは，UAVレーザの基礎的な検証として汎用的なレーザスキャナと高規格なレーザスキャナの2種類の性能評価を建設現場において実施した。その結果，それぞれの機器仕様に応じた十分な精度と高い実用性を確認することができた。UAVレーザは，これまでの航空レーザ測量では得られない高密度，かつ，高精度な点群が取得可能であるため，地形や植生の状況，要求精度などを踏まえた空間情報を取得するひとつの選択肢となり得ることが理解できた。

［中野　一也　(朝日航洋(株))］

図4-37　VUX-1HAを搭載したX-LS1

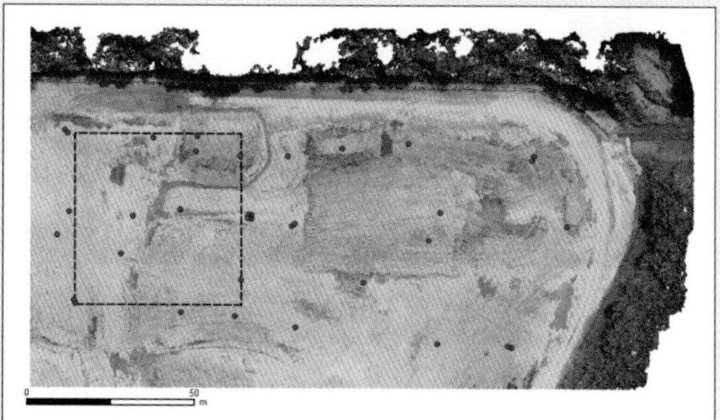

図4-38　作業範囲の景況

表4-11　レーザスキャナユニットの諸元

項目	内容
GNSS/IMU	Applanix AP40
位置精度	0.02～0.05m
ロール，ピッチ	0.015°
ヘディング	0.020°
レーザスキャナ	RIEGL VUX-1HA
照射レート	300～1000kHz
スキャンレート	50～250Hz
測距範囲	235～420m
測距精度	±5mm
FOV	360°
ビーム径	0.5mrad

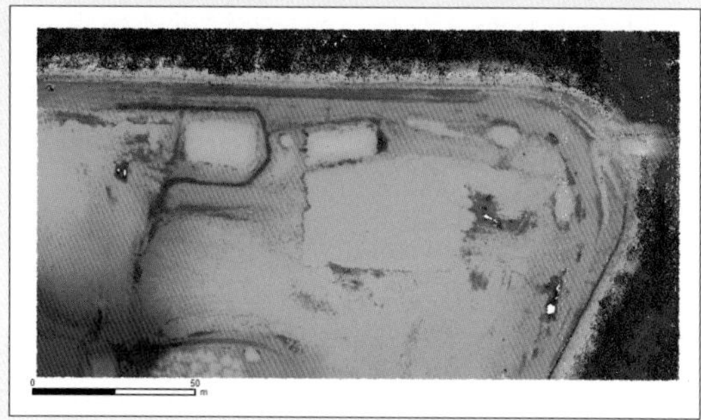

図4-39　UAVレーザの段彩反射強度図

表4-12　計測計画の設定

項目	計画1	計画2
対地高度	100m	75m
照射レート	500kHz	
スキャンレート	70Hz	60Hz
飛行速度	5m/s	3m/s
飛行方向間隔	71mm	50mm
直交方向間隔	87mm	56mm
スキャン角	60°	80°
計測密度[平米]	160点	350点

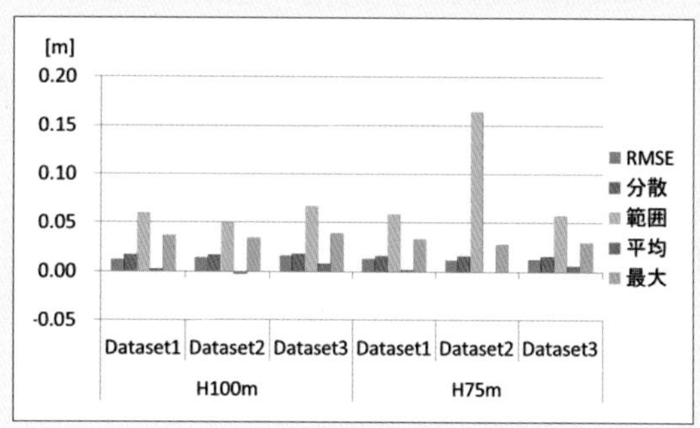

図4-40　対空標識を用いた評価結果

図4-41　3次元形状復元との差分

第5章　構造物維持管理分野での利活用

5.1　概要

構造物はその材料として鉱物や木材などを加工形成して建築される。プランクトンや貝類の殻，珊瑚の骨格が石灰化した岩（炭酸カルシウムCaCo３）が作られる。石灰の粉（セメント）と砂や礫と水を混ぜて作られるコンクリートは，とても丈夫で優れた建築材であり，古代エジプト（2630−1814年頃）のピラミッドやイスラエルの遺跡からは紀元前7000年以前に作られたコンクリートの床が残っている。

永く利用されてきたコンクリートであるが，現代工法（固めてから積み上げるのではなく，その場で固める）では耐久寿命は約50年といわれている。コンクリートは圧縮には強いが曲げや引っ張り力に弱いため，圧縮には弱いが曲げや引っ張りに強い鉄筋を併用することで補完している。しかし，鉄筋は塩分に弱く，コンクリートを作る材料となる砂に含まれる塩分を真水で洗わなかったり，洗浄が十分でなかったり，海岸部に近く塩害で錆びたり，噴煙や化石燃料の煙に含まれる硫黄酸化物（SOx）･窒素酸化物（NOx）などの酸性雨で溶ける場合，耐久寿命は短くなる。長期間使用するため塩分の少ない川砂を用いて鉄筋が劣化しないように対処した場合，耐久寿命は100年程度持つと考えられている。

日本は海洋起源の石灰資源は比較的豊富で利用し易く，高度成長期（1955～1973年）に多くのコンクリート構造物が建設された。インフラ整備として高架橋や建物の柱や床，壁，天井などに木材や土ブロックや，石材などより容易く利用されてきた。現在，高度成長期に多量に建設されたコンクリート構造物は耐久寿命の50年を経過した状態であり，安全面から取り換えや補修が必要な状況になってきている。近年相次ぐトンネル落盤事故も同じ起因である。しかし，一気呵成に総取り換えを行うことはできない。劣化状況により優先的に対策をする順番を決める必要がある。それから，近くにあると利便性がよく土地を有効利用するため多くの施設や高層建築が作られる。デザインを重視し空間に複雑な形状の構造物が同じ形を避けているかの様に摩天楼が作られる。工場の配管など追加工事が行われた構造物は設計図通りの形状をしていないことも多い。継ぎはぎの工事なども，UAVなどで現在どの様になっているのかを把握することで，設備の交換や新たな設置などを正確に行えるようになる。

構造物の維持管理調査の従来手法は，ひびや劣化検査として熟練した検査者が目視をしたり，写真撮影をしてモデル化したり机上の検査も行うが，大掛かりな震探検査や，ハンマーを片手に音響調査をして剥離具合や劣化を確かめていた。前述したように，技術者も手が回らなくなるような寿命の状態が生じるにつれ，効率のよい調査方法が必要になった。維持，管理を行うための調査方法としてリモートセンシング技術がまず利用されてきたが，近年，複雑な空間として高い位置や裏側のような個所でも機動力のあるUAVを使用することで，より多くの点検が効率よく行えようになった（図５−１～図５−５）。

また，新しい構造物でも管理をする上で破損個所を知る手法に比較検査があるが，これは事前に正常な状態を記録する。先ずは基本となる原状を把握する調査の需要がある。

本稿で紹介される事例は，試行錯誤の継続中の調査方法である。今後のセンサの高度化，UAVパイロットの熟練，検査手法の標準化を目指し先行的な構造物維持管理分野で利活用が行われている「焼却施設」，「太陽電池パネルの異常温度」，「ダム点検」，「防波堤の健全度」，「離岸堤の定量調査」の５事例を紹介する。

［秋山　幸秀　（朝日航洋（株））］

図5-1　構造物の維持管理調査
（モルタル吹付のり面）

図5-2　構造物の維持管理調査
（ダム堤体部）

図5-3　橋梁点検での例

図5-4　橋梁点検での例

図5-5　橋梁ピアでの点検結果　　（上記5点はルーチェサーチ(株)）

5.2 UAV空撮画像による設備点検

5.2.1 概要

少子高齢化と人口減少により建設産業では労働力不足の懸念がある中，既存インフラの老朽化に対応した効率的な維持管理や大規模災害への迅速な対応が重要課題とされている。このような課題を解決するため，2013(平成25)年末に国土交通省および経済産業省からロボット開発に関する提案が提示され，２年間におよぶ現場検証がなされてきている(参考文献１)。このような背景を踏まえたドローン利活用の取り組みの一つとして，構造物の維持管理に有効となるような３次元モデルの効率的な作成手法の構築についての事例を以下に紹介する。

5.2.2 手順

本事例では図５-６に示すごみ焼却施設を事例として取り上げた。施設の主たる建屋は高さが約20mあり，付随する煙突は高さ約75m程度の規模であり，これらを対象として，UAVを用いて上空から空撮を行い，３次元形状復元ソフトウェアによって３次元点群データ等を生成した。このような建屋の場合，周辺に障害物などがなく空間的に開けていない限り，垂直な外壁の地上部付近についてはUAVで空撮するのが困難な場合が多い。本事例ではこの部分を補完するために，モービルマッピングシステム(MMS)によって地上からのレーザスキャナで計測された点群データを使用し，UAVによる計測結果とMMSによる点群データを統合する多方向からの観測データ融合も試みた。

建屋の屋根面は通常のUAVによる垂直撮影画像によって観察および計測等は可能であるが，煙突側面は横向き，または斜め撮影が必要となる。これを実現するため，図５-７のように煙突を中心として一定の離隔を保ち周回しながら，順次高度を変化させて，高いラップ率を保ちつつ煙突側面をくまなく撮影するように自動周回飛行を計画し，安定した抜けのない撮影が実現できた。

なお，図５-７にある通り，対象とした煙突は基部の断面が四角形状で，上部だけが円形の構造となっていた。UAVの自動飛行を行う際には，機体のナビゲーション用GNSS測位の誤差や，風等の外乱によって飛行計画コースからある程度の逸脱が発生することは普通であるため，使用する機体毎の特性と飛行場所の周辺環境に応じて事前の飛行計画を立案しつつ，当日の気象状況から最終的な自動飛行航跡を調整した上で安全な空撮飛行に配慮した。最終的に撮影当日の現場状況を加味した上で，安全離隔距離は煙突中心から30mとして煙突全体の撮影を行った。しかし煙突上部の円形断面形状部分では，基部よりも断面サイズが小さくなるため，UAVから対象物表面までの距離が長くなり撮影画像の対象物表面における画像分解能が小さくなることへの対処として，図５-７の赤ラインのように煙突上部のみ煙突中心からの離隔距離を25mとした撮影も実施した。

5.2.3 使用機器

【UAV】 Enroute社製 ZionPro800-AACカスタマイズ仕様

- ・動力形式：　電動マルチコプター(６軸)
- ・機体サイズ：　モーター軸間80cm / 15インチプロペラ
- ・バッテリー：　６セルLi-Po 5800mAh ２個搭載
- ・機体総重量：　6.3kg(バッテリーおよびカメラ搭載時)
- ・ペイロード：　最大５kg(バッテリー含む)
- ・コントローラー：３DR社製 Pixhawk
(３次元ウェイポイント指定による自動飛行可能)
- ・搭載カメラ：　SONY α6000(16mmレンズ)

図5-6　対象施設(建屋および煙突)

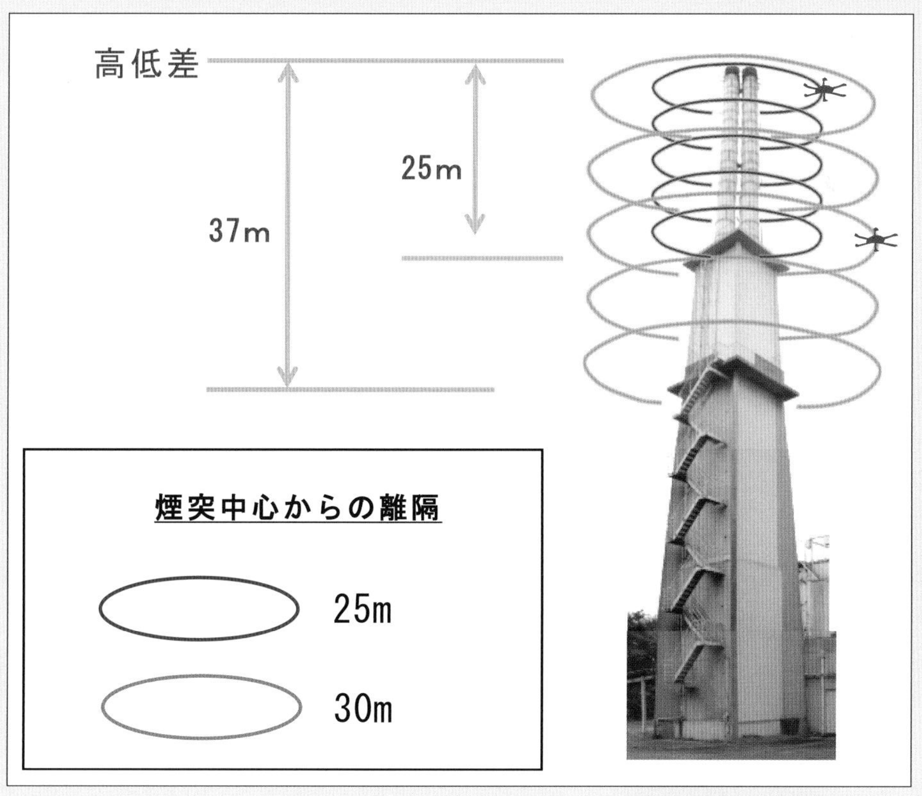

図5-7　自動による周回飛行イメージ

GoPro Hero 3 +（同時搭載にて動画撮影）
・飛行時間：　13分程度

5.2.4　成果

煙突の周回撮影は飛行時間が約７分で撮影画像枚数が140枚程度となった。これらを用いた３次元形状復元処理により図５-８左のような煙突の３次元データが得られた。同様にUAVによる垂直撮影画像から得られた建屋の３次元データについて，煙突データと共通する地上基準点で統合処理した（図５-８右）。しかし，対象地では建屋のすぐ横に樹木が茂り，敷地境界から外側に飛行できない制約もあって地上付近の建屋の壁面を写真に写すことができなかった。よってUAV空撮画像だけでは原理的に地上付近の垂直な壁面形状データは生成できないため，MMSによる地上からの計測データを相互補完的に融合処理した。その結果，図５-９に示す通り，主として赤点で示される構造物の上面データはUAVによるもので，上空から観察し難い壁面部はMMSデータによって相互に補完された構造物全体の形状データが得られた。

5.2.5　今後の展望

設備点検のための３次元計測は，対象物の敷地内や周辺状況によっては遮蔽物等の制約を受ける場合が多いが，UAVによる上空からの空撮手法を加えることで，全方位視点による点検の効率化と精緻化が図れるものと期待される。

参考文献

・次世代社会インフラ用ロボット技術・ロボットシステム～現場実証ポータルサイト～
https://www.c-robotech.info/

［鈴木　英夫　（朝日航洋(株)）］

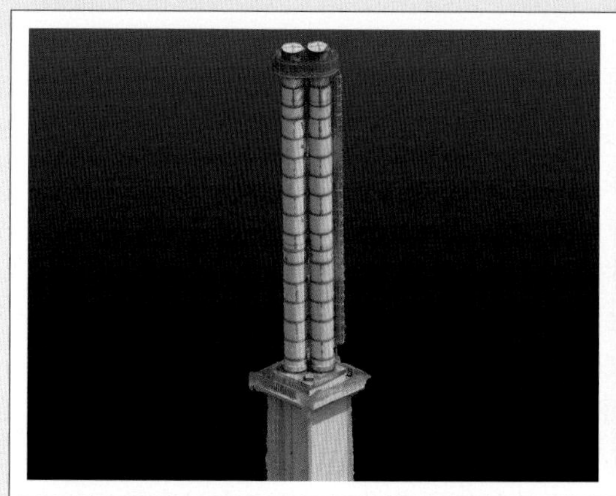

図5-8　周回撮影による3Dモデル(左)　および融合データの鳥瞰図(右)

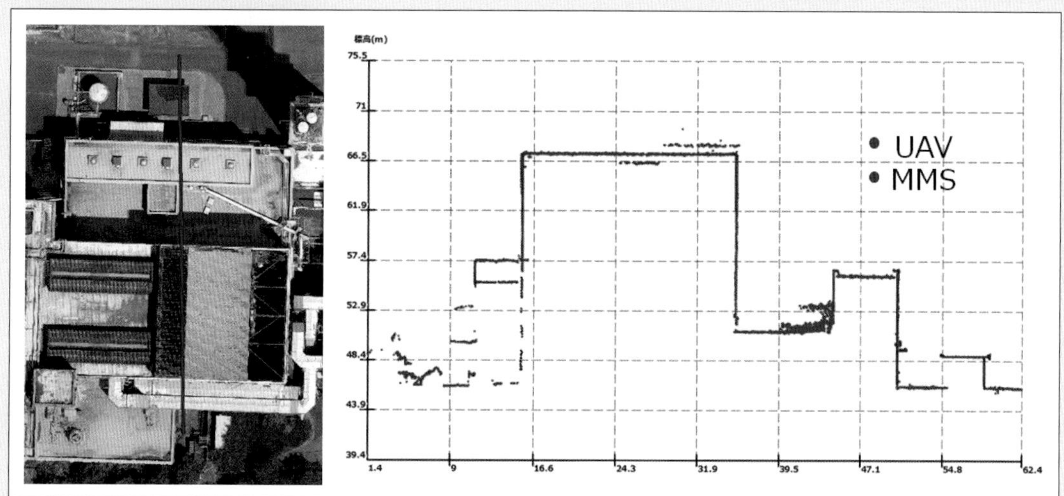

図5-9　UAVとMMS成果の融合

5.3 UAV搭載サーモカメラによる施設点検

5.3.1 背景・目的

福島の原発事故以降，再生可能エネルギーに対する期待が大きくなるとともに，電力の固定買取制度が弾みとなり，各地で太陽光発電施設が設置された。近年では「改正FIT法」で，発電事業者による「適切な点検・保守（メンテナンス）」が義務化され効率的な点検手法が求められていることから，既存施設の維持管理に目が向けられるようになりつつある。

太陽光パネルの不良個所を見過ごしたままにすると，売電量の減少により事業の採算性にも影響を及ぼすため，適切な運用管理・点検が課題となっている。太陽光パネルは，劣化や故障が発生するとパネル面やセル面の異常個所に熱を帯びる特性がある。UAVに搭載したサーモカメラにより，パネルから放射される熱赤外線より表面温度を計測し，異常個所を調査することができる。発電施設は，ストリングごとに発電量をチェックできる仕組みになっている。しかし，天候や設置個所の相違による変動があるため，発電量から故障個所を見つけることは容易ではない。本点検システムは直接モジュールの異常個所の調査を行うため，「セル単位」（図５-10）での故障を発見することが可能となる。

5.3.2 対象地域

太陽光パネルの点検が必要なソーラー発電施設が対象となる。戸建て住宅の屋上や休耕田に設置された小規模のものから，圃場用に開発された土地，工場・ゴルフ場等の跡地利用などの大規模なもの，あるいは山地の地形をそのまま利用し地形に沿うように山肌にパネル配置されたものなど，点検対象の発電施設の環境は多種多様である（図５-11）。このため，地上からの点検が困難な施設や大規模な施設では，UAVによる上空からの点検が特に効果を発揮する。

5.3.3 解析方法

UAV搭載サーモカメラによる施設点検のフローチャートを（図５-12）に示す。

１）撮影計画

サーモカメラの画角や撮影する太陽光パネルのセル（最小単位）の大きさ等を考慮し撮影高度を決定し，調査範囲をカバーするように飛行計画を行う。撮影コースは基本的にパネル設置方向と平行となるようコース設定（図５-13）し，パネル設置状況（平地，山地斜面）等を考慮し垂直画像，斜め画像，動画等で撮影する。通常UAVの操縦者，モニタ監視者，機体監視者の３名体制としているが，必要に応じて保安員を配置し安全管理を行う。

２）使用機器

点検で使用する機器（図５-14，表５-１）は，曇天で発電量が低い場合でも異常個所の温度差を判別可能な温度分解能が高いカメラを使用しており，動画撮影機能と取得画像の品質や撮影範囲の確認のためのモニタリング機能を有している。画像解像度が高く画角が大きいカメラにすることで作業効率が向上すると考える。現在，サーモセンサと4Kカメラを一体化したカメラ（DJI社　Zenmuse XT2）等，種々のUAV搭載可能なサーモカメラが販売されてきており，用途や目的により使い分けが可能である。

３）高温個所の抽出

サーモカメラで撮影された太陽光パネルの静止画あるいは動画から，周囲と比較し高温となっているセルやクラスタあるいはモジュールを抽出する（図５-15）。周囲より高温な部分をホットスポットと呼ぶが，例えば鳥の糞の付着によってもホットスポットは発生する。このため現地での確認も必要となる。

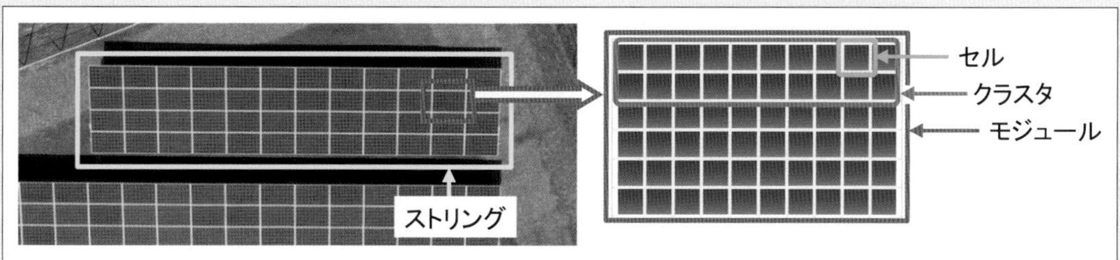

図5-10　太陽光パネルの構成

図5-11　多種多様な発電施設の設置環境事例

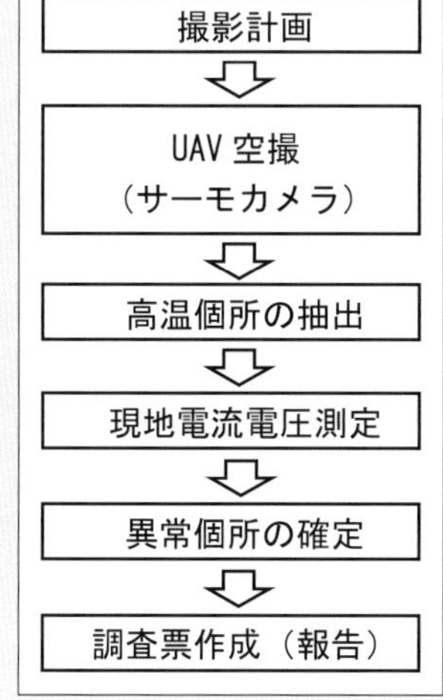

図5-12　作業フロー

図5-13　撮影コース計画の事例

4）現地電流電圧測定

サーモカメラにより抽出された高温箇所に係る施設について，現地にてI-Vチェッカーやアレイテスター等の電流電圧測定器により計測する。(図5-16)。周辺に比べて発電電圧が低い場合は接続不良等の原因を調査する。

5.3.4　結果及び成果

異常個所を示すためのインデックス図として利用可能な施設管理図がない場合は，可視カメラによる撮影を行い施設全体のオルソ画像を作成する場合もある。セルやモジュールの異常個所ごとに，サーモグラフィ画像と異常原因を記した調査票(図5-17)を作成する。

UAVによる撮影画像上でパネル異常による発熱箇所を特定できるため，点検が必要な箇所を短時間で抽出することが可能となった。従来の地上からの調査では数日を要した施設なども，数時間で調査を終えることができ，調査コストを縮減することができる。

5.3.5　今後の展望

今回はUAVサーモカメラを利用した太陽光施設の運用管理について紹介したが，サーモカメラをUAVに搭載することで，発電設備の点検以外にも利用の可能性がある。

今まで現地調査が困難であった急傾斜地のモルタル吹付面(図5-18)では，空洞部では早朝と昼間の表面温度差が異なる特性を利用し，劣化調査や損傷範囲の推定に使用している。

また，マルチスペクトルカメラを搭載すれば，植生の活性度合判定などに使用できる。

今後は，人が容易に入れない場所や広域で現地踏査では不効率な場所において，UAVを活用した事例は多くなると考える。我々測量技術者はいち早くUAVの利便性に気づき測量に応用してきた。その機敏な感性をもとに様々な分野での活用につなげたいと考える。

［市橋　利裕，早川　和夫　((株)テイコク)］

図5-14　使用機器

表5-1　使用機器の仕様等

UAV本体	SPIDER - CS8	Inspire 1 PRO
サーモカメラ	FLIR　T640	Zenmuse　XT
ピクセル数	640×480	640×512
温度分解能	0.03℃	0.05℃
カメラ重量	1.3kg	270g

図5-15　周囲より高温を示すパネル異常個所

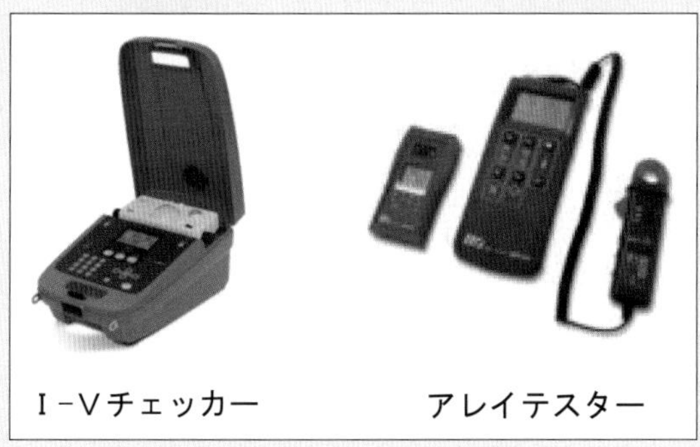

図5-16　電流電圧等計測機器

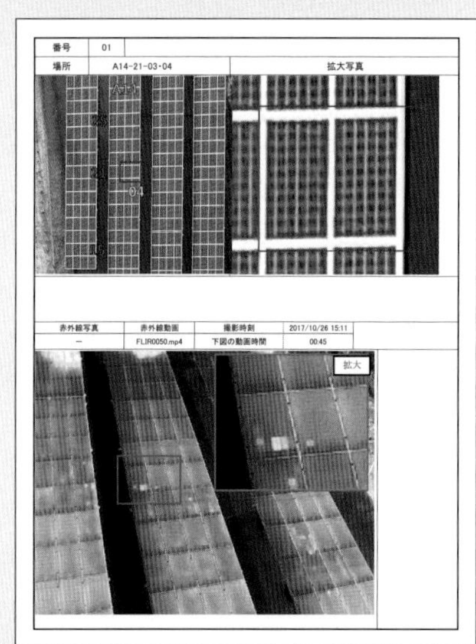

図5-17　調査票事例

図5-18　モルタル面の現況と温度差分画像

第5章

5.4　コンクリート構造物の点検（UAVを用いたダム点検の目的と概要）

5.4.1　背景

ダム等の大規模構造物の点検におけるコンクリート表面の調査は，従来，仮設足場やロープアクセスなどの方法で行われていた。しかしながら，これらの方法は作業者の安全性が低く，調査の効率も劣り，調査範囲にも限界がある。これらの問題点を解決するために，小型無人航空機（Unmanned Aerial Vehicle：UAV）により撮影した画像を従来点検の代替，支援とする手法が一般的になりつつある。本節ではその特性や有効性を示した。

5.4.2　画像撮影の概要

使用したUAVの機体は，DJI社製S800EVO，6枚羽の回転翼機（図５-19）で，カメラは機体の規模や画像解像度を考慮し，ソニー社製NEX7，2,400画素（図５-20）を搭載した。写真の撮影位置をGNSSおよび慣性センサにて把握する。

なお，UAVはGNSSや慣性センサにより，その位置にとどまる機能を有しているが，実際には風などの影響で揺動し，撮影写真がブレる可能性があるため，カメラはUAV本体に設置するのではなくジンバルと呼ばれる揺れを抑制する装置に設置した。

また，この装置自体が，遠隔操作によりカメラの向きを自由に動かすことができるという利点があるため，UAV本体を回転または移動をさせることなく，任意の方向にカメラを向けることが可能となる（図５-21）。

5.4.3　写真画像の解像度

1）事前検証

本点検では，補修を必要としない亀裂幅の上限値であるクラック幅0.2mmを確認することを目標とした。本点検に先立ち，実際に使用するカメラを用いて，解像度の判別検証を実施した。検証方法は0.01mmから5.0mmまでの擬似クラック（図５-22）を作成し，撮影距離を３m，５m，……40mと変え，撮影した擬似クラックの画像を確認した。

検証結果は図５-23のとおりとなり，撮影距離が10m以下であれば地上解像度が0.2mm以下となることが分かり，必要解像度が確保できていると判断した。

2）判別する幅の決定

この検証で，クラックの方向によって精度が変化することも分かった。これは画像のドットに起因するものと考えられ，縦方向と横方向のクラックに対しては精度が高いが，斜め方向のクラックに対しては精度が劣る。

実ダムにおける点検では，コケの繁茂やコンクリートの色などによって条件が悪くなることが考えられるため，撮影距離は，精度を確保することを考慮し10mではなく８m程度で撮影することとした（図５-23）。

5.4.4　撮影の概要と結果

1）変状を解析するための画像撮影

ひび割れ等の変状を点検するための画像撮影であり，前途したとおり，ダムの堤体や堤体周辺斜面等の被写体に対して８m程度まで接近して撮影を行った（図５-24）。

2）画像の合成

撮影した写真画像のブレおよび明るさ等から写真を取捨選択し，画像合成ソフトで画像を合成し，展開画像を作成した（図５-25）。あわせて全体像を把握するため，SfM解析により３次元モデルを作成した（図５-26）。

図5-19　UAVシステム

図5-20　使用したカメラ

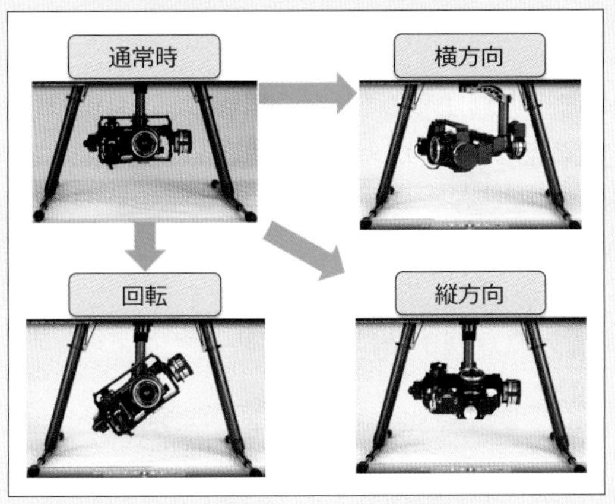

図5-21　ジンバルの機能

図5-22　擬似クラック

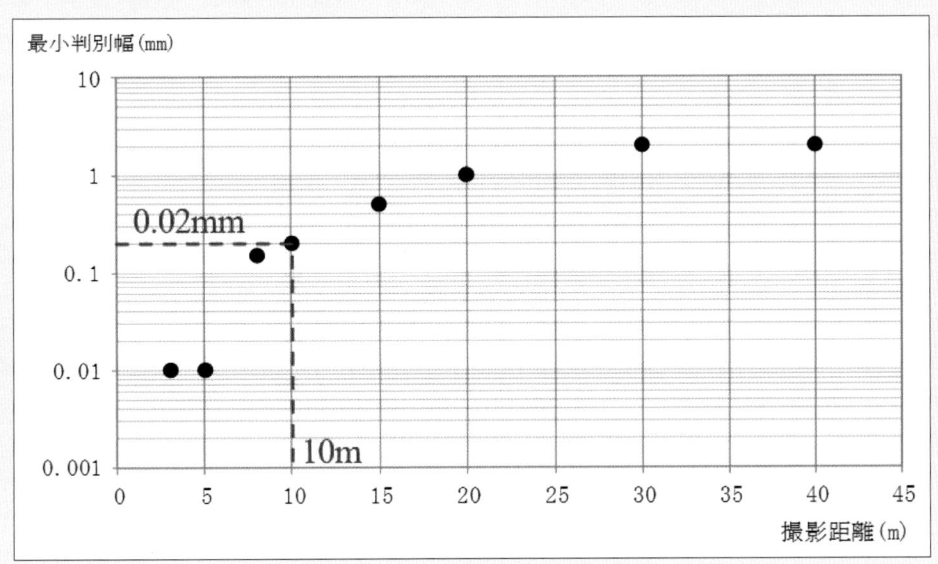

図5-23　撮影距離と判別可能な幅

3）変状の抽出

展開画像から，ひび割れ等，画像を机上で点検した(図5-27)。

4）点検結果の図化

点検で抽出した変状は，ダム専用CADにて図化し，展開図，クラックマップなど，今後の維持管理において活用する資料として取りまとめた(図5-28)。

5）精度検証結果を踏まえた有効性

近接目視による点検が容易な箇所にて，計測差と展開図およびクラックマップで整理したレイヤ区分(0.2～0.5mm未満，0.5～1.0mm未満，1.0mm～2.0mm未満，2.0mm以上の4区分)による適合性について比較検証を行った。

UAVを用いた計測値と近接目視による計測値が一致した箇所は，15箇所中8箇所であった。計測誤差のあった7箇所の内，誤差が0.1mの箇所が6箇所で，クラック幅の最大誤差は0.3mm, 33.3%であった。レイヤ区分による適合性については，15箇所中14箇所で適合した(表5-2)。

6）実ダムでの点検を踏まえた有効性の評価

今回，実ダムでUAVを用いた点検を行った結果を踏まえ，UAVを用いた点検は，堤体周辺斜面など，管理施設や樹木等により，固定式のデジタルカメラ撮影等では被写体を確認でき，撮影が不可能な場所への適用は，たいへん有効であると言える。

UAVを点検に用いることは，ダムの全体の撮影が簡易にできる。また，ダムを俯瞰的に確認し，施設全体の変状の分布等を把握することができ，今後の維持管理を行うための重要な資料となる。こういった点からも，UAVを用いた点検手法は有効であると考える。

5.4.5　おわりに

UAVによる点検だけでは，非効率となる場合もあるため，従来点検手法や固定式のデジタルカメラ撮影等による点検手法を適切に組合せることで，現在求められている効率的な維持管理を行うことができると考える。

最後に，本稿の作成にあたり，ご協力頂いた関係者各位に深く感謝する。

［原田　耕平　((株)日本インシーク)］

図5-24　撮影状況

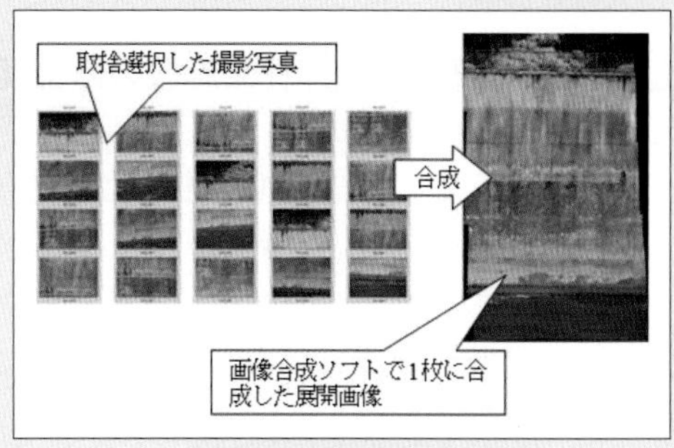

図5-25　展開画像の作成

図5-26　3次元モデル

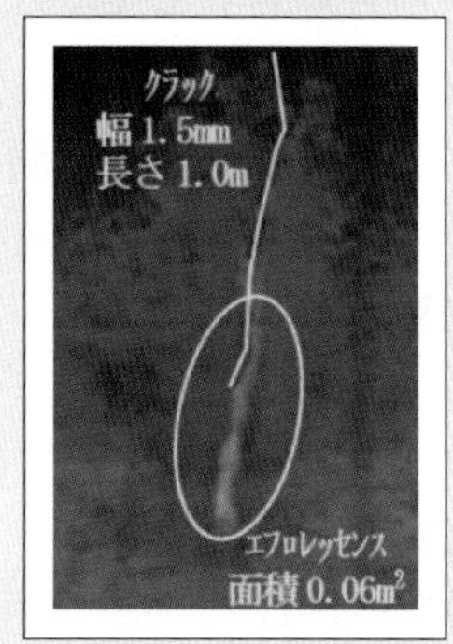

図5-27　変状の抽出

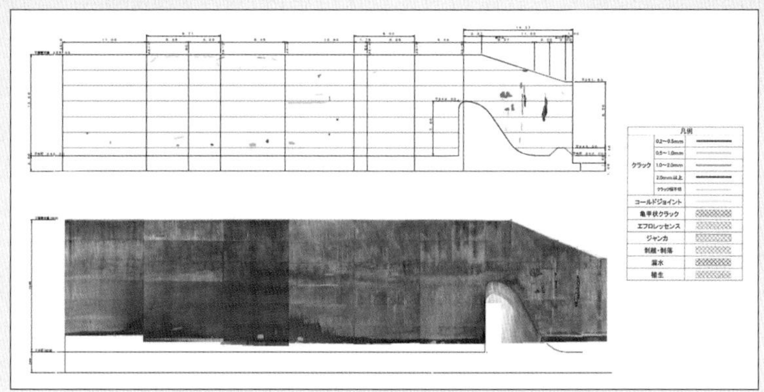

図5-28　展開図とクラックマップ

表5-2　検証結果

No.	計測値(mm)		計測差		レイヤ区分による適合性		
	近接目視点検	UAV点検	(mm)	(%)	レイヤ番号※ 現場計測	ダム専用CAD	適合度
1	0.2	0.2	0.0	0.0	1	1	適合
2	0.3	0.3	0.0	0.0	1	1	適合
3	0.3	0.4	0.1	25.0	1	1	適合
4	0.3	0.4	0.1	25.0	1	1	適合
5	0.3	0.2	-0.1	-33.3	1	1	適合
6	0.6	0.6	0.0	0.0	2	2	適合
7	0.6	0.6	0.0	0.0	2	2	適合
8	0.6	0.5	-0.1	-16.7	2	2	適合
9	0.8	0.7	-0.1	-12.5	2	2	適合
10	0.8	0.8	0.0	0.0	2	2	適合
11	1.0	1.0	0.0	0.0	3	3	適合
12	1.2	0.9	-0.3	-25.0	3	2	不適合
13	1.5	1.5	0.0	0.0	3	3	適合
14	1.5	1.5	0.0	0.0	3	3	適合
15	1.6	1.5	-0.1	-6.3	3	3	適合

※レイヤ番号
1:クラック幅0.2mm～0.5mm未満　2:クラック幅0.5mm～1.0mm未満
3:クラック幅1.0mm～1.5mm未満　4:クラック幅2.0mm以上

5.5　港湾・漁港・海岸保全施設の健全度判定におけるUAV利活用調査

5.5.1　背景・目的

漁港(港湾)海岸保全施設の中には築造後相当な年月(50年以上)が経過しているものが多く，部材の経年変化，波力等の影響による損傷や機能低下が進行している。また，地球温暖化の影響等による高潮被害の増加や海岸浸食の進行，破堤による被害等の発生が懸念され，これらへの対応が今後の課題となっている。これに対し，国(農水省・国交省)は，2014(平成26)年３月に『海岸保全施設維持管理マニュアル』を策定し，点検調査手法及び維持管理に向けた長寿命化計画書作成の統一化を図っている。そのため，管理者は，海岸保全施設(堤防・護岸・胸壁等)の長寿命化計画の策定等を講じ，予防保全型の維持管理を導入し，必要な防護機能(耐地震・耐津浪・高潮性能等)を確保することを目指している。

本稿は，海岸保全施設の点検調査においてUAVを利活用した事例とその成果から新たに水中３Dスキャナなどを用いて補測調査を実施した事例を紹介する。

5.5.2　対象地域

実施場所は，茨城県平潟町平潟漁港で行った。UAVを利活用した測量成果は，漁港・海岸保全施設における健全度判定の判断材料として活用した。

5.5.3　実施方法

本現場では，2017(平成29)年７月３日から５日にUAV撮影を実施した。撮影現場を図５-29に示す。この計測では，『UAVを用いた公共測量マニュアル(案)平成29年３月』に準じて，UAV写真撮影と標定点の計測を実施した。南防波堤全体は垂直(直下)高度36m，斜め(全周)で解像度５mm，オーバラップ(OL)90%，サイドラップ(SL)60%の撮影コースで計画してUAVによる空中写真を用いた３次元点群作成やオルソ写真などを作成した(図５-30)。南防波堤壁面のひび割れ調査のためUAV撮影を行った。防波堤壁面を健全度判定に必要な解像度で撮影した。UAVはMavicPro，Phantom 4 Pro，Inspire２の３機を使用して複数の解像度ごとにOL90%，SL60%で撮影してオルソ写真を作成した(図５-31)。３次元点群作成やオルソ写真作成には，SfMソフトウエアであるStreet Factory(AIRBUS社製)を用いた。

漁港・海岸保全施設の健全度判定を行うための劣化や被災による変状の判断は，立体視画像による目視確認やオルソ画像から自動的にひび割れ形状を抽出し位置計測を実施した。

特に劣化が著しい箇所については，ひび割れに関する潜水調査と３D水中スキャナ計測を実施した。

5.5.4　結果および成果

UAV対空標識の設置は，南防波堤の上面と陸側側面，消波工上面で調査員が安全に作業できる箇所に約50m間隔で設置した。座標位置はトータルステーションで計測した(図５-32)。UAV(DJI：M600)による南防波堤全体の３次元形状の復元と空中写真を用いた３次元点群作成成果は，『UAV を用いた公共測量マニュアル』に準じて処理を実施した。防波堤壁面は，解像度１mm，２mm，３mmの地上画素寸法を確保したオルソ画像から自動的にひび割れ形状を抽出した。UAV成果は３次元可視化ソフト(TerraExplorer)にセットした(図５-33)。漁港・海岸保全施設における健全度判定における１次点検や２次点検への有効性の確認は人的に現地調査した成果とUAV成果を比較することとした。

水産基盤施設簡易調査は，目視による簡易調査項目をUAVで作成した３次元形状復元及び３次元点群やオルソ画像成果と現地調査成果との比較により確認した。対象施設は，重力式防波堤で(消波堤)行った。比較は，老朽化の種類で分類し施設全体は移動(水平移動)・沈下(目地のズ

図5-29　UAV撮影の現場

図5-30　南防波堤全体撮影

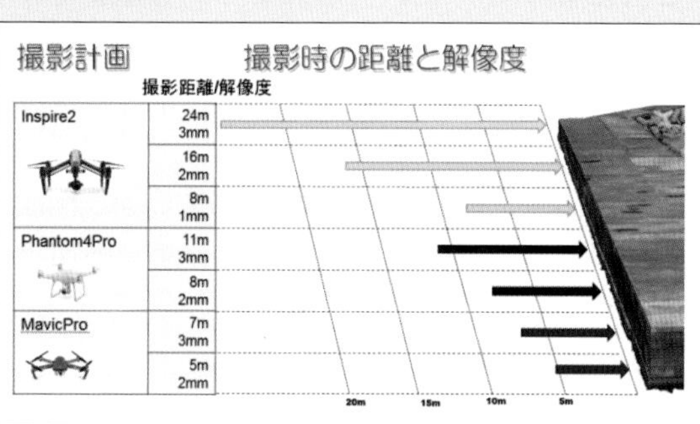

図5-31　防波堤壁面撮影

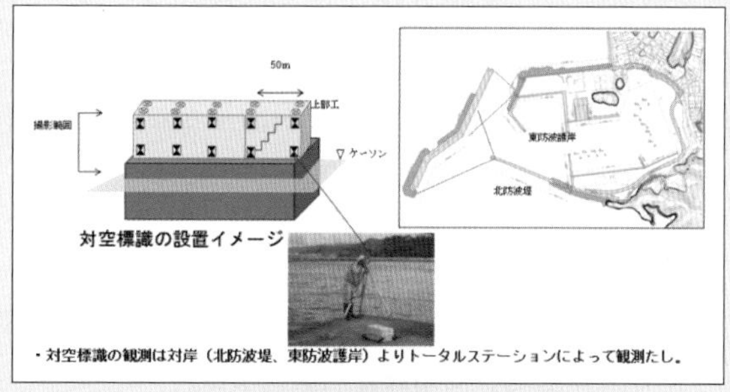

図5-32　対標設置・計測

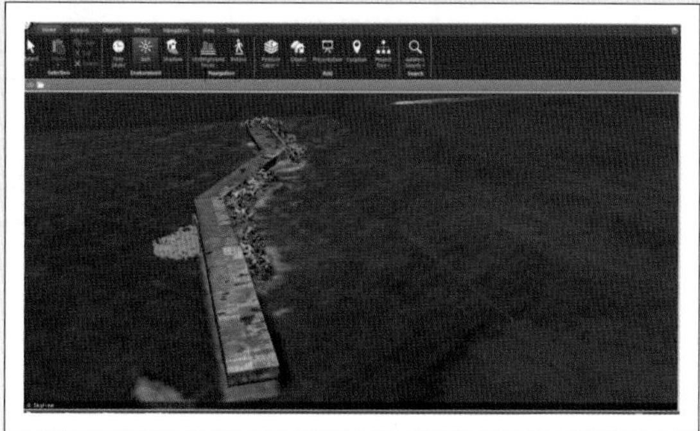

図5-33　3次元可視化ソフト(Terra Explorer)

レ，段差)の有無，上部工はコンクリートの劣化・損傷の有無，本体工においてもコンクリートの劣化・損傷の有無，消波工は移動・沈下，損傷・亀裂の有無について行い，UAV調査確認による有効性があることを表にまとめた(表5－3)。また，水産基盤施設簡易調査の重点項目は，老朽化度の判断基準を用いて判定する。その判定において上述と同様にUAV成果と現地調査成果の両方で計測が可能な部分は実施して両者の比較によりUAV調査確認が対応可能な項目を表にまとめた(表5－4)。

本調査において，南防波堤壁面の劣化が著しい箇所については，潜水調査と陸上調査のオルソ画像成果と重ね合わせた補測調査を実施した。結果としてケーソン上端から約7m弱におよぶ損傷が生じていることが確認できた(図5－34)。さらに損傷の詳細な情報を得るため3D水中スキャナ計測を実施した。使用した機器はBlueView社BV5000，1350kHzを使用した。従来，船上からの観測で把握が困難であった水中部防波堤の損傷を時間分解能が約1.5cmでスキャニングした。その結果を図に示した(図5－35)。

これによりケーソン上端部より約3mまで厚さ15cmのコンクリートの剥離，最大幅10cm程度の亀裂や根固工の洗掘が確認できた。結果としてUAVを用いるほか，複合的な最新技術を横断的に利活用して現状課題を速やかに報告できる良好な成果が得られた。

最後に当社は，i-Constructionの現場業務支援システムとしてPADMS i-Conを保有しており土量計算や出来形確認を3次元で確認できる機能を有している。また，標準断面・3次元設計データ及び出来形計測時の点群データを同一画面上で重ね合せして表示することが可能であり，本調査成果を一部可視化した例を示した(図5－36)。

5.5.5　今後の展望

本調査では，UAVレーザ計測などのレーザ機器や音響スキャナなど複合的な成果を用いたものをさらに加えることにより良い成果を報告することが可能である。UAVを含む最新機器は日進月歩であり，その利活用について決まった手法はないと考える。一方，AIやIoTは，企業や産業の枠を超えてさらに研究が進み，異なる強みを持つものが協力しあらゆるものがネットにつながる状況が発生しており，その活用を図るべきと考える。

［津口　雅彦　((株)パスコ)］

表5－3　3次元形状復元及び三次元点群成果と現地調査の比較

水産基盤施設簡易調査（簡易項目）

対象施設	調査位置	該当	老朽化の種類		有無	UAV確認による有効性
重力式防波堤（消波堤）	施設全体	■	移動	水平移動	□	○
			沈下	目地のずれ、段差	□	○
	上部工	■	コンクリートの劣化、損傷		□	○
	本体工	■	コンクリートの劣化、損傷		□	○
	消波工	■	移動・沈下、損傷・亀裂		□	○

表5-4　水底基盤施設簡易調査(重点項目)

対象施設	調査項目		調査方法	老朽化度の判断基準			UAVによる判定結果	UAVによる計測
				区分	チェック	判断基準		
重力式防波堤(消波堤)	施設全体	移　動	目視(メジャー等による計測を含む、以下同じ) ・水平移動量	a	□	本体の一部がマウンドから外れている。	○	○
				b	□	隣接ケーソンとの間に側壁厚程度（40～50cm）のずれがある。		
				c	□	小規模な移動がある。		
				d	■	老朽化なし。		
		沈下	目視 ・(目地ずれ)、段差	a	□	目視でも著しい沈下（1m程度）が確認できる。	○	○
				b	□	隣接ケーソンとの間に数十cm程度の段差がある。		
				c	□	隣接ケーソンとの間に数cm程度の段差がある。		
				d	■	老朽化なし。		
	上部工	コンクリートの劣化、損傷	目視 ・ひび割れ、損傷、欠損 ・劣化の兆候など	a	□	護岸の性能に影響を及ぼす程度の欠損がある。	○	○
				b	□	幅1cm以上のひび割れがある。		
					■	小規模な欠損がある。		
				c	□	幅1cm未満のひび割れがある。		
				d	□	老朽化なし。		
	本体工（側壁、スリット部）	コンクリートの劣化、損傷(RCの場合)	目視 ・ひび割れ、剥離、損傷、欠損 ・鉄筋露出 ・劣化の兆候など	a	□	中詰材等が流出するような穴開き、ひび割れ、欠損がある。	○	× (海面付近であり高度が低い)
				b	□	複数方向に幅3mm程度のひび割れがある。		
					□	広範囲に亘り鉄筋が露出している。		
				c	□	一方向に幅3mm程度のひび割れがある。		
					□	局所的に鉄筋が露出している。		
				d	□	老朽化なし。		
		コンクリートの劣化、損傷(無筋の場合)	目視 ・ひび割れ、剥離、損傷、欠損 ・劣化の兆候など	a	□	性能に影響を及ぼす程度の欠損がある。		
				b	□	幅1cm以上のひび割れがある。		
					□	小規模な欠損がある。		
				c	□	幅1cm未満のひび割れがある。		
				d	■	老朽化なし。		
	消波工	移動、散乱、沈下	目視 ・消波工の天端、法面、法肩等の変形 ・消波ブロックの移動や散乱	a	□	点検単位長に亘り、消波工断面がブロック１層分以上減少している。	○	○
				b	□	点検単位長に亘り、消波工断面が減少している。(ブロック１層未満)		
				c	□	消波ブロックの一部が移動(散乱・沈下)している。		
				d	□	老朽化なし。		
		損傷、亀裂	目視 ・消波ブロックの損傷、亀裂 ・損傷ブロックの個数	a	□	欠損しているブロックが1/4以上ある。	○	○
				b	□	aとcの中間的な変状がある。		
				c	□	欠損や部分的な変状があるブロックが複数個ある。		
				d	□	老朽化なし。		
	被覆工	移動、散乱、沈下	目視,潜水目視 ・天端、法面、法肩、法尻等の変形 ・移動、散乱	a	□	被災率5%以上の移動、散乱又は沈下がある。	水中	
				b	□	被災率1～5%未満の範囲で移動、散乱又は沈下がある。		
				c	□	被災率1%未満の範囲で移動、散乱又は沈下がある。		
				d	□	老朽化なし。		
	根固工	移動、散乱、沈下	潜水目視 ・天端、法面、法肩、法尻等の変形 ・移動、散乱	a	□	50%以上の広範囲で移動、散乱又は沈下がある。	水中	
				b	□	10～50%の範囲で移動、散乱がある。		
				c	□	10%未満の範囲で移動、散乱が見られる。		
				d	□	老朽化なし。		
	海底地盤	洗掘、土砂の堆積	潜水目視 ・海底面の起伏 ・洗掘傾向or堆積傾向	a	□	捨石マウンドの法尻前面で深さ1m以上の洗掘がある。	水中	
					□	洗掘に伴い、マウンド等や堤体本体への影響が見られる。		
					□	洗掘防止マットが損失している。またはしわ寄せ状態になっている。		
				b	□	捨石マウンドの法尻前面で深さ0.5～1.0m以上の洗掘がある。		
					□	洗掘防止マットが50%程度にわたり損失している。		
				c	□	深さ0.5m未満の洗掘又は土砂の堆積がある。		
					□	洗掘防止マットが10%程度にわたり損失している。		
				d	□	老朽化なし。		

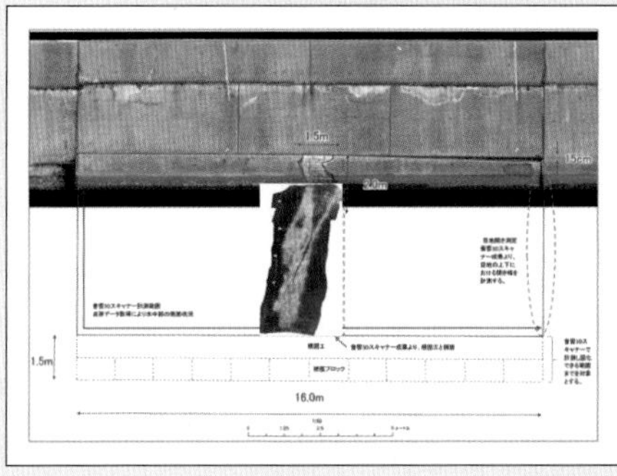

図5-34　潜水調査と陸上オルソ画像調査

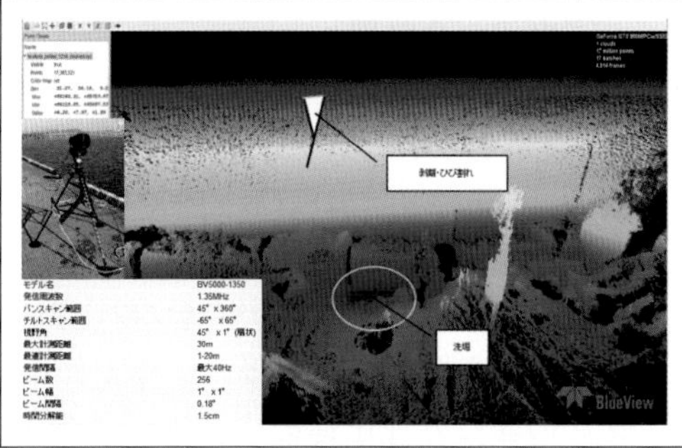

図5-35　3D水中スキャナ計測

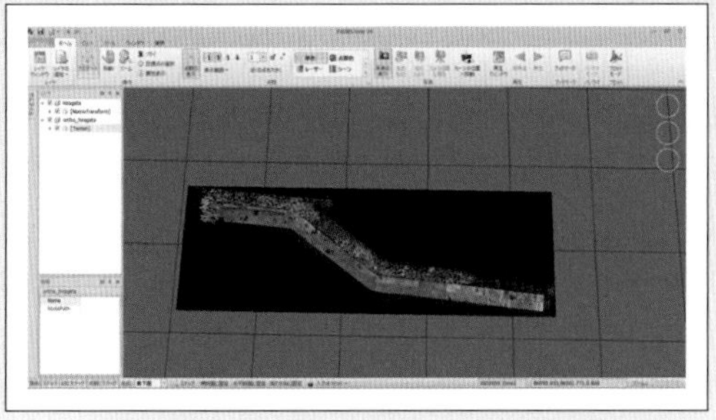

図5-36　PADMS i-Conによる表示

第5章

5.6 UAV写真測量による離岸堤の定量的状況把握

5.6.1 背景・目的

2017(平成29)年10月22日～23日にかけて来襲した台風21号により，栗田漁港海岸離岸堤(図5-37参照)及び養老漁港(物揚場，防波堤)が被災した。当該業務においては，被災状況を把握するとともに，被災原因を検討し，災害査定を受けるための必要となる資料を作成することある。このために，被災直後にUAV撮写真測量による離岸堤の3次元計測を行い，定量的な被災状況把握を行った。

5.6.2 対象地域

本業務における対象地域を図5-38に，計測対象を図5-39に示した。なお，計測対象の海浜地は地域住民の海水浴場とするなど憩いの場として利用されている。

5.6.3 測量方法

離岸堤のUAV計測は，参考文献に示す方法に基づき，具体的には以下の通りである。

1）UAV計測計画

計測に使用したUAV機材を表5-5に，搭載したデジタルカメラを表5-6に示した。計測諸元は表5-7のとおりとして自律飛行により計測を実施した。計測は2017(平成29)年11月8日(10：32-10：46)に実施した。

2）標定点設置

被災状況の速報成果は，2周波GNSS(GCSv3)による外部標定要素(主点座標)を用いたSfM解析結果を用いた。その後，標定点を指針により取り付けた。標定点の座標は4級基準点からのトータルステーション測量の放射法により求めた。写真測量によるSfM解析は水部マッチングが困難なため，標定点の配点は陸上14点，離岸堤上28点を設置し，位置精度の確保を行った(図5-40)。

3）解析

（1） 写真データ整理

撮影時の写真のフォーマットはLAWとJPEGにて記録し，JPEGは撮影結果の確認用に使用し，LAWは現像処理を行いTIFF画像に変換しSfM解析処理に使う撮影写真とした。現像ソフトウェアはSILKYPIX Developer studio 4.4SEを使用した。

（2） SfM処理

現像したTIFF画像をSfMソフトPix4Dに取り込み解析処理を行った。処理手順は標定点座標を取り込んだ後に，標定作業を行い，キーポイントマッチング，デンスマッチングの順に処理を進め，3次元地形モデル(点群データ)を作成した(図5-41)。またオルソフォトの作成も行った。

5.6.4 結果および成果

水部のSfM解析であるが，指針により設置した標定点とUAVに搭載している2周波GNSS(GCSv3)による外部標定要素を用いて行い，主点座標を優先して解析することで，必要十分な精度を持った3次元地形モデルを得ることができた。また，写真地図は水中部の様子も明瞭にとらえており，3次元地形モデル作成外の水中部の離岸堤の把握に有効である(図5-42参照)。

成果は，離岸堤の定量的な被災状況把握が目的であるため，縦断図および標高段彩図を離岸堤毎に作成した。それぞれの状況把握図の作成諸元は表5-8のとおりとした。1号堤の状況把握図の作成事例を図5-43，5-44，5-45に示した。

図5-37　栗田漁港海岸

図5-38　対象地域位置図

表5-5　使用したUAV

使用機	諸元
α　UAV，自己位置計測装置GCS v 3付き/amuse　oneself社製	・駆動方式；バッテリ ・大きさ；1320×1320×450mm（プロペラを含む） ・自動飛行範囲；半径1,000mまで ・レシーバータイプ；GPS，L1/L2，GLONASS　L1/L2 ・水平精度；±10mm+1ppm ・鉛直精度；±20mm

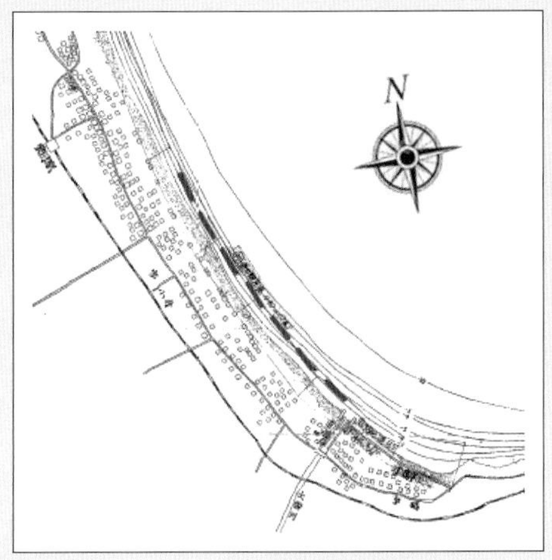

図5-39　離岸堤の配置（南から1号→7号）

表5-6　UAV搭載のデジタルカメラ

DMC-GX 7/パナソニック社製
・センサ；4/3型Live　MOSセンサ ・画像素子サイズ；17.3×13.0mm ・焦点距離；14mm ・画素サイズ；4592×3448（3.7μ/pixel） ・記録画像形式；RAW，JPEG（DCF/Exif2.3準拠）

表5-7　UAV計測諸元

諸元	計画1
地上解像度	約2cm
撮影高度	75m
オーバーラップ／サイドラップ	80%　／　60%
飛行速度	6.5m/秒（23km/時）
シャッター間隔	2秒

図5-40　標定点（左；陸上，右；離岸堤上）

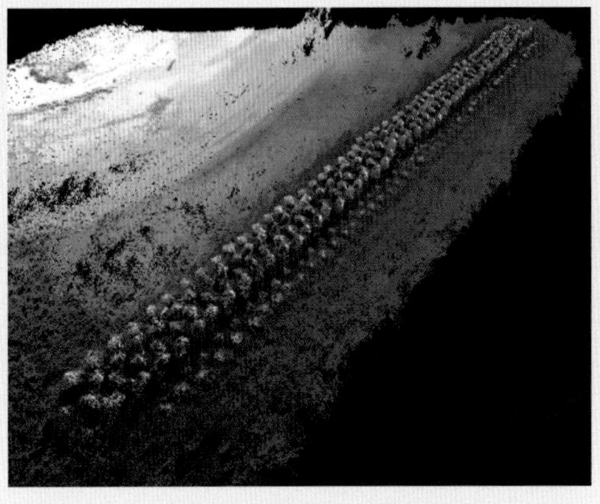

図5-41（点群データ）1号堤

5.6.5　今後の展望

本報告は，離岸堤の台風災害の定量的な被災状況把握を目的として，UAV写真測量による3次元計測を行い，従来法に比べ迅速かつ安価に結果を出すことができた。宮津市では，この他の港湾でも大規模な離岸堤を設置・維持管理を行っているため，この結果を踏まえて，平常時の点検現況把握を2018(平成30)年度に展開することとなった。

今後の展望として，離岸堤などの海岸構造物の点検にUAVレーザ計測を用いる事も考えられる。UAVレーザ計測の特徴は，レーザ計測と同時に外部標定要素を高精度なGNSS/IMU装置で取得するため，構造物の直接計測が可能である。しかし，機器が高価であることと，取得時の良好な外部標定要素取得が必要不可欠であるなど，現時点では課題がある。

UAV写真測量による離岸堤の計測には，標定点の設置が必要不可欠であるが，効率的かつ費用負担を抑えた状況把握と点検手法として有効な方法である。

参考文献

・木下篤彦・島田徹・笠原拓造・林栄明・名草一成・小川内良人・村木広和，2013，回転型マイクロUAVを用いた深層崩壊箇所の災害調査，砂防学会誌，vol. 66，pp. 51-54

・名草一成・島田徹・桜井亘・酒井良・奥山悠木・冨井隆春，2015，２周波GPSシンクロ撮影システムを搭載したUAV撮影の精度検証，日本写真測量学会2015(平成27)年度年次学術講演会発表論文集，pp. 11-14

・名草一成・島田徹・礒部浩平・吉村元吾・今森 直紀・奥山悠木・冨井隆春，2015，２周波GNSSシンクロ撮影システムを搭載したUAV撮影の精度検証(Ⅱ)，日本写真測量学会2015(平成27)年度秋季学術講演会発表論文集，pp. 9-12

［名草　一成　(国際航業(株))］

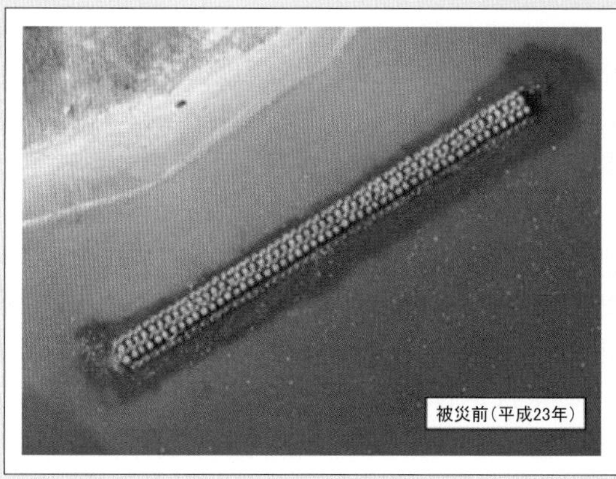

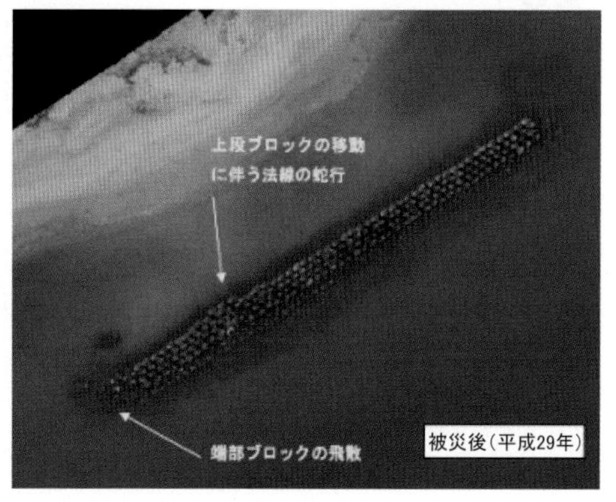

図5-42　被災前後の3号堤の状況

表5-8　状況把握図作成緒元

作成要素	縦断図	標高段彩図
点群データ抽出標高	T.P.+0.0m 以上	T.P.+1.0m 以上
点群データ抽出範囲	測線から片側10cm（全幅20cm）	

図5-43　縦断測線（1号堤）

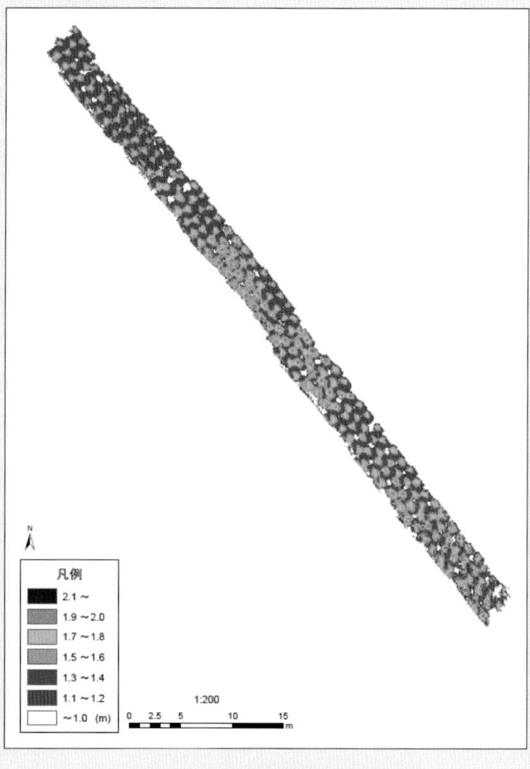

図5-44　標高段彩図（1号堤）

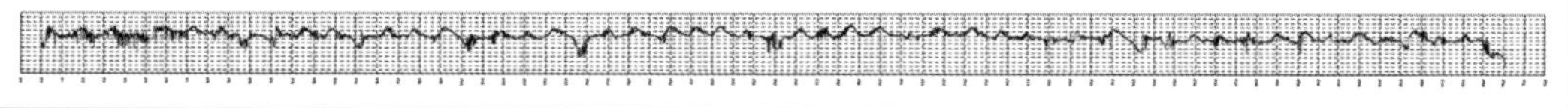

図5-45　縦断図（1号堤）

第6章　測量・地図作成分野での利活用

6.1　概要

測量・地図作成には古くから航空機による空中写真測量法と地上における地形測量法が用いられてきた。前者は市町村域，河川流域といった広範囲の測量に適し，後者は用地測量，地籍測量といった限定的範囲の測量に適し，それぞれの特徴を生かした測量がなされてきている。近年，無人航空機(以下UAVと記す)の登場に伴い，デジタルカメラを装着し，地上50-150mの高度から地上を撮影して測量する技術が急速に普及した。国土地理院も『UAVを用いた公共測量マニュアル(案)』(第２章で解説)を作成し，公共測量の新たな手法として位置づけられている。UAVの飛行高度は従来の航空機の飛行高度(600-3,000m)と比較して限りなく地上に近い位置にあり，限定的範囲の地形を効率的に測量できる手法として多くの測量技術者の注目を集める事となった(図６-１)。本章ではUAVを用いた測量・地図作成の事例を紹介するものである(6.2～6.4)。

UAVによる測量は，デジタルカメラを用いる方法が現在主流であり，空中写真測量技術により測量を可能としているが，用途に応じて大きく２つの方法に分類される。一つは地形図作成を目的とする従前からの空中写真測量の手法であり，もう一つは３次元の点群データを作成して地形測量を行う手法である。前者は撮影計画～対空標識設置と観測～撮影～空中三角測量～数値図化編集～地形図作成という従来と同様の工程により地図を作成するもので，本章の6.3と6.4に適用事例が紹介されている。後者は撮影以降の工程が３次元形状復元計算～点群編集～３次元点群データファイル作成という工程により土木建築分野における土工測量などに適用され，本書第４章に事例が紹介されている。

どちらの場合でもデジタルカメラで撮影した画像データを基に空中写真測量を行うが，使用するデジタルカメラは市販品を利用するため，求められる精度が確保できるよう機材の選択には十分配慮すると共に，地形図作成を目的とする場合は予めカメラキャリブレーションを行っておく必要がある(第１章1.1を参照)。また，空中写真測量で重要な値となる撮影時点でのカメラの３次元位置座標と３軸の傾き値は地上に配置する対空標識により求めるため，対空標識の大きさや配置方法についても十分配慮する必要がある。

一方，UAVにレーザ計測機器を搭載することで，地形の３次元点群データを直接取得する方法も普及しつつある。国土地理院も既に『UAV搭載型レーザスキャナを用いた公共測量マニュアル(案)』(第２章で解説)を作成している。レーザ計測機器と関連機器の価格がまだ障壁となってはいるものの，小型化・高性能化・低価格化が進むと考えられ，今後一層普及すると考えられる。これは本章の6.2に事例が紹介されている。しかしながら，高密度に取得できる３次元点群データを用いる計測においては大いなる可能性があると考えられるが(図６-２)，どのような地物をどのような精度で取得できるのか，今後も十分に検討を続ける必要がある。

［住田　英二　((公社)日本測量協会)］

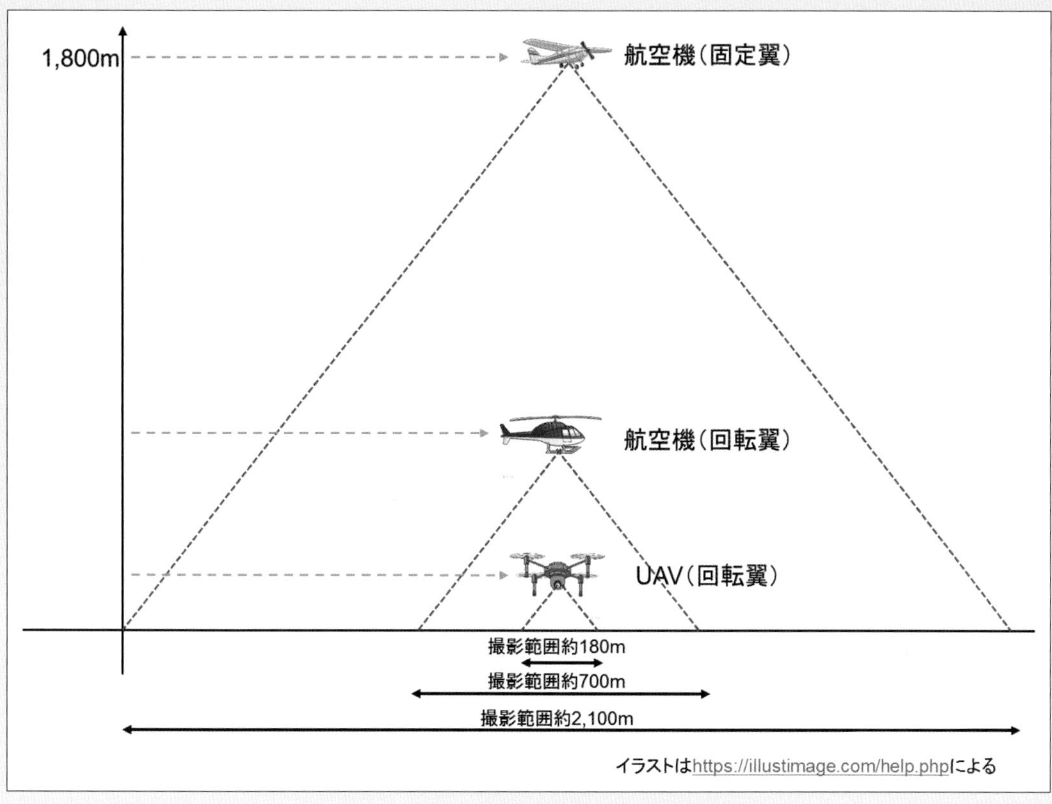

図6-1　機体別(高度別)空中写真撮影の範囲

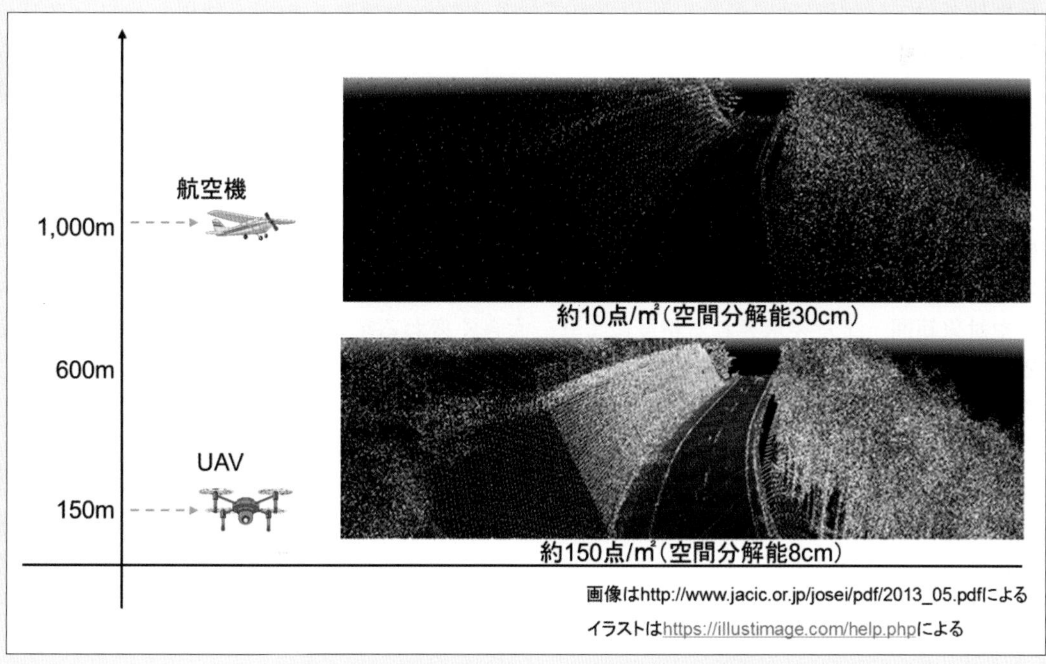

図6-2　機体別(高度別)レーザ計測における点密度

第6章

6.2 UAVレーザによる公共測量

6.2.1 背景・目的

無人航空機(以下,「UAV」)は急速に普及し,その利用範囲も飛躍的に拡大している中で,国土地理院は2015(平成27)年度にUAV写真測量について『UAVを用いた公共測量マニュアル(案)』を策定し,UAVによる測量は公共測量の手法の一つとして確立された。さらに,2018(平成30)年3月には,『UAV搭載型レーザスキャナを用いた公共測量マニュアル(案)』が発表され,国土地理院が定める新しい測量技術による測量方法の1つとして,特に写真測量では計測不能であった植生下の地表面の位置の把握などに成果をあげることが期待されている。

本事例は,上記のマニュアルが作成・発表される以前に,UAVレーザによる公共測量を当時の準則第17条第2項に適用・実施するための,精度検証及びマニュアルの検討を行った事例である(表6-1)。

なお,本件の成果および作業マニュアル等は以下に示すとおり公共測量として国土地理院に承認・認知されている。

6.2.2 使用機器

UAVレーザ測量システム(図6-3)は,UAV,GNSS,IMU,レーザスキャナ,ソフトウェアで構成される。使用機器と諸元を表6-2及び表6-3に示す。

6.2.3 作業手順

UAVレーザ測量の作業手順は図6-4のとおりである。基本的に航空レーザ測量に倣うが,調整用基準点設置については,狭い区域を短時間で計測するため,GNSS衛星の配置,電離層や大気の状態,ジオイドの精度等の影響が小さいと考えられるため,点数は1点とした。また,植生の状況によりレーザが地表面まで到達しない部分が生じる恐れがあることから,現地での補備測量を追加した。

6.2.4 精度検証

精度検証は,UAVの練習飛行に利用されているドローンフィールドを使用し,コンクリート構造物や斜面の含まれる区域を設定して行った。対空標識や検証点等の条件は同一として,対地高度を3種類(30m・40m・60m)に変化させ,トータルステーションの実測値との精度比較検証,点密度の比較検証を行った(図6-5)。検証結果は,表6-4に示すとおり数値標高モデルの地図情報レベル500の精度を確保しており,いずれも公共測量における精度を十分に満たした。

公共測量の17条申請は,奈良県G市における造成工事に必要な数値地形図(レベル500)作成及び横断図作成について行った。作業マニュアルには,作業方法と使用機材について規定するとともに,技術的な解説及び検証結果を資料として添付した。特に航空レーザ測量と大きく違う対地高度や対象範囲,また要求される精度により,大きく変わる項目について技術的な解説を加えた。

6.2.5 既存測量成果との比較

既存の測量成果との比較検証を行った。対象範囲は平地と山が適切に含まれる地形とし,UAVレーザ測量の成果は,調整点との誤差検証で前述の精度検証結果と同等な精度を保持していることを確認して比較を行った。既存図とUAVレーザ測量による等高線との重ね合せ図(図6-6)によれば,概ね良好な相関を示しているが,対象範囲には低木(1.5m程度の木)と地面に草が繁茂していた場所があり,局部的に差が大きい範囲がある。レーザ計測は植生下の地表面の位置の把握に期待できるものの,こうした条件下ではレーザが地表面に到達しにくい状況となり,課題があることがわかった。

表6-1　準則第17条第２項の適用事例

使用機器	作業機関	提出資料
レーザ測距装置：Velodyne社製VLP-16 GNSS/IMU装置：Trimble社製AP15	アスコ大東株式会社	作業マニュアル、精度検証報告書

出典）国土地理院HP

表6-2　使用機

使　用　機　器		
装　置	メーカー名	名　称
UAV	DJI	S1000＋
GNSS/IMU	Trimble	AP15
レーザースキャナ	Velodyne	VLP-16
ソフトウェア	DJI	PC Ground Station

表6-3　レーザスキャナ諸元

項目	仕様
センサータイプ	16個のレーザ+検出器
測定範囲・測定視野	水平360°　全方位 垂直30°（±15°）
測定距離	約100m（1m～100m）
測定スピード	5～20Hz
測定ポイント数	約30万ポイント/秒
測定精度	±3cm（1σ@25m）
角度分解能	水平0.1°～0.4°　垂直2.0°
測定距離方式	LIDAR　TOF方式
レーザークラス	Class 1 Eye Safe

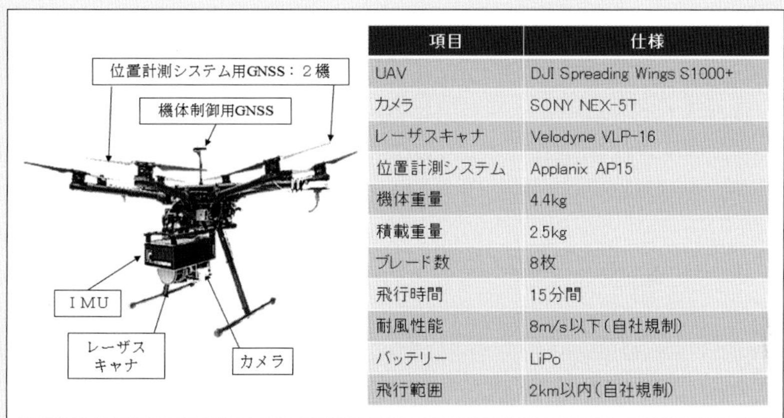

項目	仕様
UAV	DJI Spreading Wings S1000+
カメラ	SONY NEX-5T
レーザスキャナ	Velodyne VLP-16
位置計測システム	Applanix AP15
機体重量	4.4kg
積載重量	2.5kg
ブレード数	8枚
飛行時間	15分間
耐風性能	8m/s以下（自社規制）
バッテリー	LiPo
飛行範囲	2km以内（自社規制）

図6-3　レーザスキャナ搭載UAV

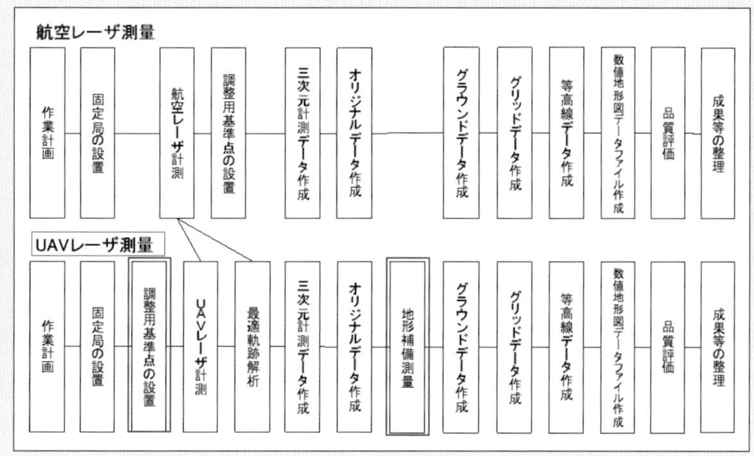

図6-4　作業手順

6.2.6 課題と今後の展望

現在使用しているレーザスキャナ(VLP-16)の測定可能距離が最大100mであることから，地形が複雑になるとレーザが届かない場合があり，飛行高度は比較的低く制限される。そのため飛行計画が制限を受けることや広範囲の測量については効率的ではないという課題がある。UAV搭載のために軽量であることと，レーザの測定可能距離についてはトレードオフの関係にあり，今後の技術開発が望まれる。また，測量対象範囲の地表面の環境として，低木や草木が繁茂した範囲の計測にも課題があった。

この事例では，公共測量で求められる精度を確保するという目標は十分達せられた。しかしながら，計測対象範囲が裸地や構造物という限られた地形条件での実験結果であり，レーザの計測環境を阻害するような条件による測量については，さらなる技術開発や手法の検討が必要と考えられる。また，UAVの位置計測の精度や安定性の向上については，準天頂衛星システムの本格運用等，衛星測位の精度が向上することが見込まれており，UAVレーザ測量の運用における将来は大きく期待できるものと考えられる。

［西村　芳夫　((株)日本インシーク)］

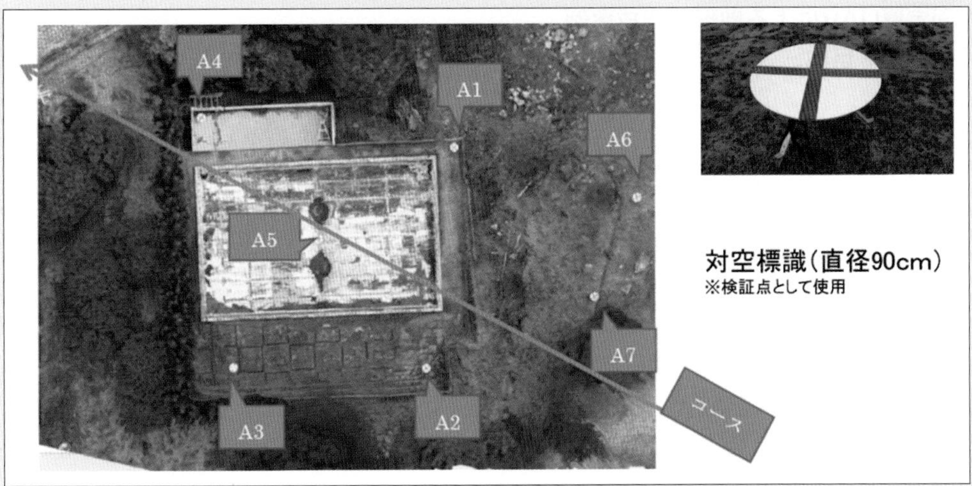

図6-5　検証フィールド

表6-4　精度検証結果

対地高度	30m		40m		60m	
点群密度	353点/m^2		314点/m^2		275点/m^2	
点群密度	7点		7点		7点	
要　素	dxy	dz	dxy	dz	dxy	dz
平　均	0.063	−0.074	0.038	−0.052	0.093	−0.060
最大値	0.083	−0.044	0.056	−0.034	0.174	−0.030
最小値	0.032	−0.093	0.022	−0.081	0.010	−0.080
標準偏差	0.019	0.018	0.013	0.020	0.065	0.022

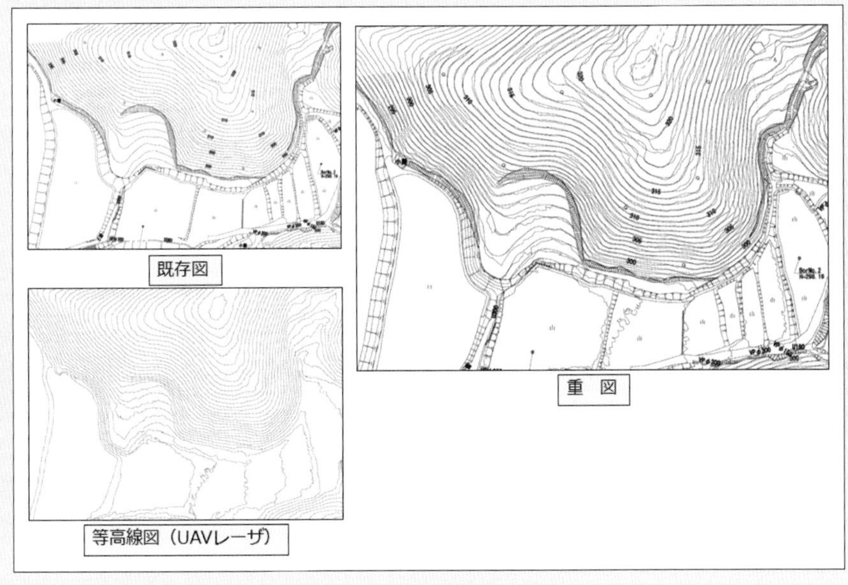

図6-6　既存測量成果との比較

6.3　固定翼UAVによる地形図作成事例

6.3.1　背景・目的

本事例は，岩手県が調査を進めている一般国道107号及び一般国道456号の道路計画検討のための地形図作成業務において，既存空中写真を部分的に補う目的で固定翼UAVにより空中写真を撮影し，デジタル図化機を用いて立体図化を行ったものである。

公共測量によらないUAVの地形図作成や補備測量では，立体図化の手法によらずSfM/MVSにより３次元点群及びオルソ画像を活用した例が多く見られるが，本事例は『UAVを用いた公共測量マニュアル（案）』に準じて数値地形図を作成した。

6.3.2　対象地域

本業務の対象地域は，北上市口内町地内の一般国道107号及び北上市口内町から奥州市江刺広瀬地内の一般国道456号である。そのうち，UAVによる写真撮影により図化を行った地域は，北上市と奥州市の市境付近の既存空中写真（フレームセンサによるデジタル空中写真画像）の撮影範囲外の区域である。

6.3.3　実施方法

数値地形図の作成は図６-７に示すフローに従って実施した。固定翼UAVによる主な実施内容は以下のとおり。

１）撮影計画

図６-８のとおり予備設計用平面図として既に図化された範囲や既存の空中写真から図化用写真が不足する範囲を調査し，既存の空中写真撮影範囲とある程度の重複範囲を設け撮影範囲を設定した。これによってUAVによる空中写真撮影面積は1.1km^{2}となった。

２）標定点設置

実施時期は11月中旬で降雪・積雪時期が迫り，既に一度降雪があったことから空中写真撮影を最優先することとし，標定点・検証点は図６-９に示すとおり道路・農業用水路等の構造物を撮影後の空中写真上から抽出し，GNSS-RTK測量によって設置した。

なお，標定点・検証点は全体的に均等な密度で多めに配置したが，SfMによるバンドル調整計算の際に撮影写真上で不明良な地物もあり検証点に変更したため若干の偏りが生じた。

３）空中写真撮影

前述のとおり降雪時期により空中写真撮影が急がれたことから，国土交通省航空局への高高度飛行（高度150m以上）の申請・許可が間に合わず，高度150m未満で飛行することとした。

撮影日の気象情報（天気情報有料サイト）により上空（150m）の風速が少し強いとの予報だったため撮影高度120m（地上解像度＝3.4cm），オーバーラップは75％，サイドラップは80％で全体を４回に分けて飛行し合計77分で終了した。飛行軌跡は図６-10のとおりである。

４）空中三角測量

UAV撮影写真，外部標定要素，及び標定点（刺針点）成果からSfM/MVSソフト“Pix４DMapper”を用いバンドル調整を行った。この方法は従来の航空カメラの空中写真を用いたデジタル空中三角測量ソフトによるバンドル調整と異なり，民生用カメラの撮影写真ではSfM/MVSソフトによるセルフキャリブレーション付きバンドル調整の方が高精度・高効率となった経験から採用することとした。

なお，外部標定要素はUAV空中写真撮影時にGNSS-RTKによってX/Y/Zが得られており，これをバンドル調整計算時に初期値として与えることによって非常に高速に処理できた。

５）数値図化

デジタル図化機“図化名人”にSfMソフトによる空中三角測量成果を取り込んで立体図化し，

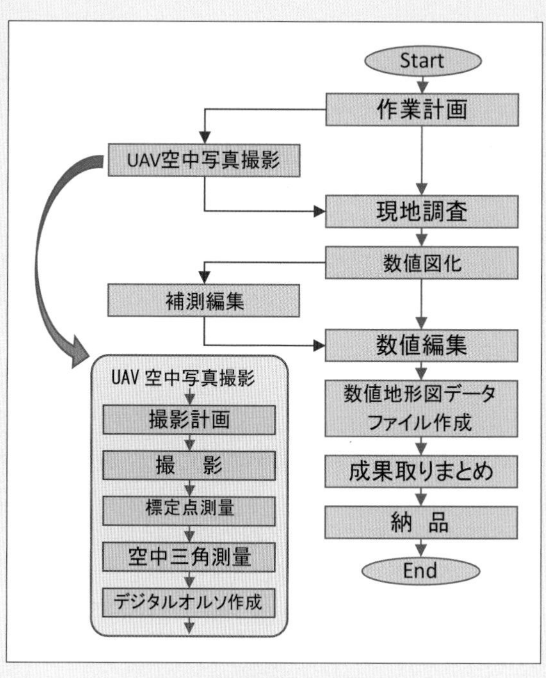

図6-7 数値地形図作成フロー

図6-8 既存空中写真及び新規撮影範囲

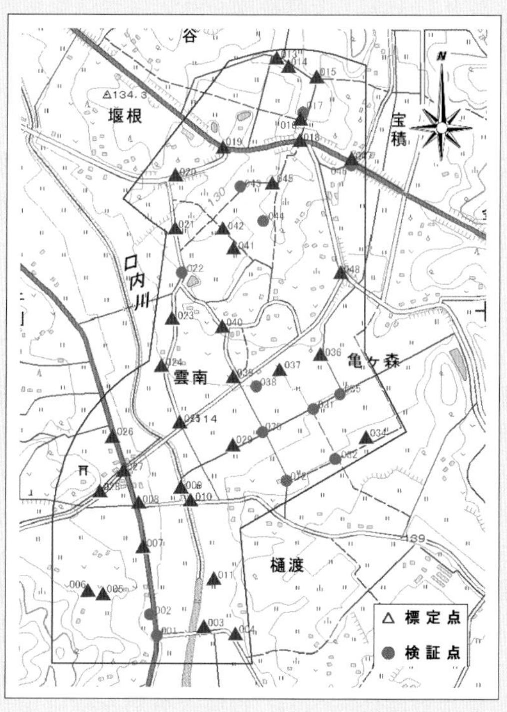

図6-9 標定点・検証点設置位置

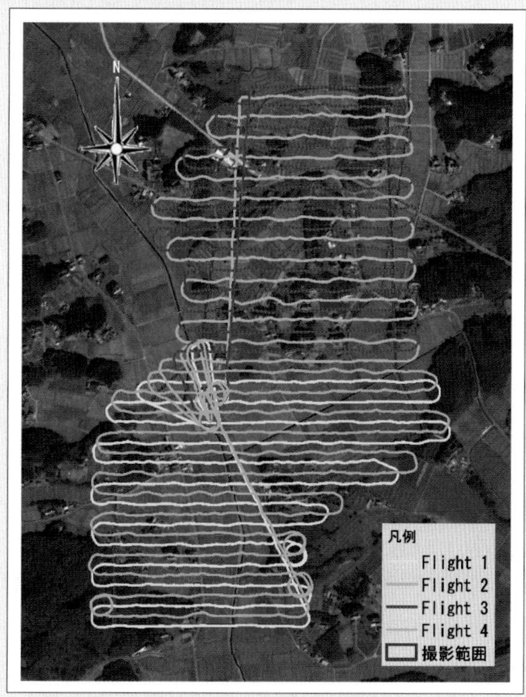

図6-10 空中写真撮影飛行軌跡

地図要素を判読・描画した。

UAV固定翼による撮影写真は，ジンバル（カメラの鉛直方向を保持する架台）を有する回転翼と異なり「機体の傾き＝カメラの傾き」となる。従って常に垂直方向の写真が撮影される訳では無い。また，飛行時の風向きによってκ（ヨー軸）の回転角も大きく（図6-11），立体図化の際のステレオモデルは回転翼に比較し狭くなる（図6-12）。

図化機による地物の描画では地上解像度が高いこともあり，図化時の不明点はほとんどない。反面，高精細な立体画像からの図化では細かな表現となってしまうことが多く，図化縮尺を常に意識した描画が必要となるため図化効率は高くはない。

6）その他数値編集～地形図データファイル作成

従来の方法と同じであり割愛する。

6.3.4　結果及び成果

本事例では全面積2.2km^{2}中，0.6km^{2}をUAVの写真を用い数値地形図を作成した。数値地形図の作成時期に合わせタイムリーに高解像度の写真撮影が出来たこともあって，当該範囲内では図化・編集時の不明点や経年変化修正等による現場での補備測量も無く計画工程に遅れは生じなかった。

数値地形図作成後の点検測量は立体図化による座標値とGNSS-RTK（VRS）による実測値を比較する方法により行った。UAVの空中写真を用いた範囲については密度を高め点検測量を行った。結果は表6-5のとおり平面位置・標高ともに高精度な地形図となった。

6.3.5　今後の展望

これまでの地形図作成は，広大な範囲を対象とした航空機による空中写真測量と狭小範囲を高精度に行う現地測量（TS等による実測）による手法に明確に分かれていた。空中写真測量では非常に高価な機材や各工程での技術者集団が必要とされ，大手・中堅航測会社以外では撮影からデータファイル作成までの一連工程を実施することが難しいものである。

本事例のUAV（固定翼）では航空カメラ相当の直接定位（GNSS/IMU）による外部標定要素取得（精度）まで至らないが，GNSS-RTKによって外部標定要素の一部を得る事で相当数の標定点を省いても必要とする標定解析精度を得られる事が実証され，中・広域の範囲を対象とした地形図作成が可能であることが確認できた。

また，地図情報レベル1,000以上（1,000，2,500）では標定点を設置せずとも検証点のみで十分であり，面積当たりの経済性も高く現地測量と航空機による空中写真測量の間を埋める手法として確立できるものと考える。

2016（平成28）年3月（2017（平成29）年3月改正）に制定された『UAVを用いた公共測量マニュアル（案）』に従えば，17条適用申請を経ずとも公共測量が可能となったが，第2編の数値地形図作成では空中写真撮影以降のプロセスは従来の航空カメラによる空中写真測量と同一である。しかし，第3編では第2編より高精度な3次元点群の生成が規程されており，これらの3次元点群やデジタルオルソを利用したアプローチでも対象地の植生条件等が整えば同等の数値地形図作成が可能であり，むしろ高効率に数値地形図作成が可能であると考える。

本事例では，立体図化以降の工程は従来プロセスで行ったが，今後は3次元点群・デジタルオルソを用いた手法についても精度・工程・コスト等の検証を行い，多様なニーズに応えていきたい。

謝辞

本事例の紹介にあたり，UAV固定翼を用いた数値地形図作成へのご理解と資料を提供頂きました岩手県県南広域振興局に感謝致します。

［千葉　一博　（（株）タックエンジニアリング）］

図6-11　撮影写真の回転（κ：ヨー軸の回転）

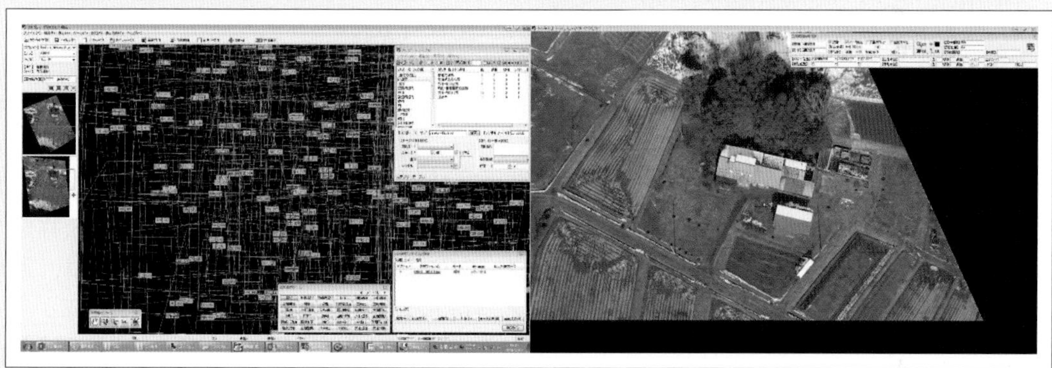

図6-12　デジタル図化機“図化名人”による立体図化

表6-5　UAV空中写真図化範囲の点検測量結果

単位：m

点検対象物		水平位置				標高点	
No	種別	Δx	Δy	Δxy	$(\Delta xy)^2$	Δz	$(\Delta z)^2$
1	境界杭	0.026	0.049	0.055	0.003	-0.123	0.015
2	境界杭	0.070	0.038	0.080	0.006	-0.192	0.037
3	桝	0.191	0.044	0.196	0.038	-0.029	0.001
4	木杭	0.044	-0.036	0.057	0.003	0.001	0.000
5	桝	-0.109	-0.148	0.184	0.034	-0.068	0.005
6	橋	-0.030	-0.041	0.051	0.003	-0.132	0.017
7	道路	0.009	0.000	0.009	0.000	-0.123	0.015
8	水路	0.159	-0.024	0.161	0.026	-0.238	0.057
9	橋	-0.008	0.054	0.055	0.003	-0.061	0.004
10	水路	-0.107	0.008	0.107	0.012	-0.149	0.022
11	木杭	0.613	0.625	0.875	0.766	-0.034	0.001
12	道路	0.661	-0.540	0.854	0.729	0.022	0.000
13	側溝	0.012	0.073	0.074	0.005	0.064	0.004

標準偏差	水平位置	0.368	標高点	0.122
	制限	0.700	制限	0.330

6.4　SfMソフトの解析結果を利用した図化精度検証

6.4.1　背景・目的

近年，UAV(Unmanned aerial vehicle)は，航空写真測量を専門とする会社以外でも手軽に利用できるようになり，災害時などでも緊急撮影に使用するまでになり，非常に優れたツールの一つとして普及が進んでいる。従来は，航空写真専用のソフトウエアを使用し専門のオペレータによる解析がなければ，写真計測による点群データの作成や，オルソモザイク画像を作成することができなかった。しかし，UAVで撮影した画像と，その画像に記録された位置情報があれば，SfM(Structure from Motion)ソフトでの外部の３次元構造の推測を行う手法と，自動的にバンドル調整を行うことにより，簡単に３次元モデル及び点群データを生成ができる。これらがUAVを急激に普及させている理由の１つとして上げられる。しかし，作成された３次元モデルからは通常の航空写真を使用しての図化と同精度の地図情報を作成することは難しい。

そこで，SfMソフトで解析した成果を利用し，図化作業の可能性について，アジア航測で開発した図化ソフトの図化名人に取り込み図化精度の検証を行った。

6.4.2　対象地区

対象地区は，国土交通省国土技術政策総合研究所のご協力のもと，茨城県の道路建設中の現場を借用する許可を得て，UAVによる撮影を行った(図６-13)。

6.4.3　準備

UAVはDJI製Spreading WingS900を使用(表６-６)，撮影カメラはSONY製NEX-７を使用した(表６-７)。UAVによる撮影は，自立飛行によるオーバーラップ80%，サイドラップ60%の設定で，垂直写真撮影を実施した(図６-14)。また，解析の精度を上げるために，対空標識を設置しContexCapture(SfMソフト)で解析計算を行った。内部標定要素の設定は，カメラの公称値を初期値としContexCaptureのセルフキャリブレーションによる値の補正を行った。理由は，通常の撮影は航空測量が目的でなく，数値標高の作成と３次元モデルからの簡易オルソの作成が多いと想定したためである。この条件による解析結果(標準偏差)は，ΔXY：0.018mとΔZ：0.023mとなった。UAV撮影により数値地形図を作成する場合の標定解析作業は，SfMソフトで解析した結果を元に初期値の外部標定要素を抽出した。

図化作業として使用可能な条件は，撮影画像が垂直写真状態であることなので，直下視画像判定は，ロール及びピッチ軸の回転角(絶対値)が５度範囲内である場合を直下視の判定基準としている。

6.4.4　結果及び成果

ContextCapture(SfMソフト)から出力した解析結果を，図化名人プロジェクト変換ツールで取り込み，その結果は，画面上で確認を行うことができる(図６-15)。この画面で赤色の画像枠は，ロール及びピッチ軸の回転角(絶対値)が５度以上であり，垂直写真として使用するには難しいと判断できる。仮にこのまま使用しても斜め写真のような状態となり立体観測を行うには難しい。したがって，今回は，垂直写真として使用することが可能と判断される比較的緩やかなオレンジと，正常な画像であるブルー枠の画像を変換対象として，プロジェクトの変換を行い図化名人へ取り込みを行った(図６-16)。また，視差の確認をしたところ，場所によっては10～17Pixel程の視差が確認された(図６-17)。この原因としてContextCapture(SfMソフト)から出力した画像が，①カメラパラメータによる修正がなされていない画像を使用したこと。②バンドル計算結果の標準偏差で埋もれてしまったエラーポイントの箇所であることが想定される。①②の原因による画像の視差をより小さくするため，図化名人上で再度標定作業とバンドル計算を行った結果，視差

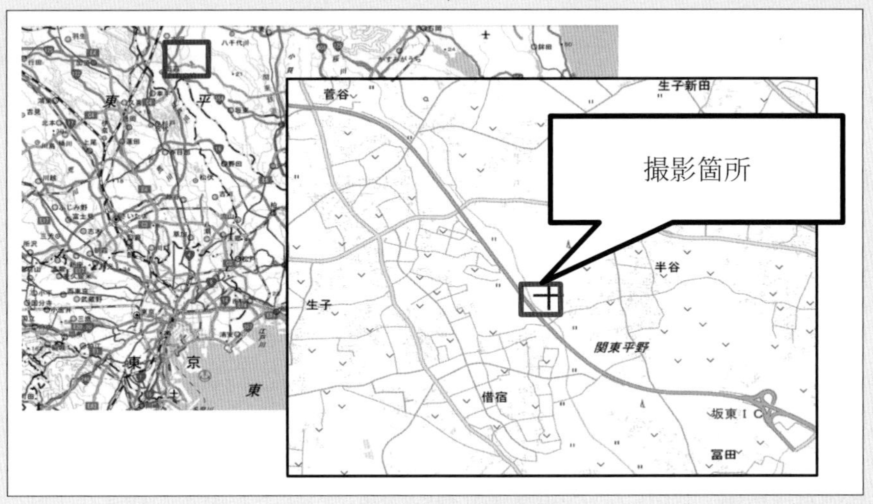

図6-13　撮影対象地区

表6-6　UAVの仕様

機体名	S900
機体長・巾	900mm（対角モーター軸間）
機体高	535mm（アンテナ含まず）
重量	7,900g（バッテリー・カメラ含む）
飛行時間	15分
飛行距離	1,000m
最大飛行速度	垂直：6m/秒　水平：15m/秒
動作温度	-10℃～50℃
通信方式	2.4GHz（電波法国内認証済）
通信距離	約1000m（遮蔽物が無く見通しが確保された状態）
バッテリー	17000mAh（6S Lipo）
カメラ仕様	SONY　NEX-7　（24Mpix）
地上モニタリング内容	リアルタイム画像・補足衛星数・速度・バッテリー残量等

表6-7　カメラの仕様

項目		仕様
カメラ	名称	NEX-7
	型式	フラッシュ内蔵レンズ交換式デジタルカメラ
	撮像素子	APS-Cサイズ（23.5 x 15.6mm） "Exmor"APS HD CMOSセンサー
	総画素数	約2470万画素
	外形寸法	幅 119.9mm × 高さ 66.9mm × 奥行き
	重量	約350g（バッテリー含）
レンズ	名称	E 16mm F2.8
	型名	SEL16F28
	焦点距離	16mm
	外形寸法	最大径62.0mm×長さ22.5mm
	質量	約67g

図6-14　UAV撮影の軌跡

を最小とすることに成功した(図6-18)。また，ContextCapture(SfMソフト)から出力する画像を“歪みのない画像”として出力することで視差が最小の条件となり，標定作業及びバンドル計算がより短い時間で行えることが判った。この結果ContextCapture(SfMソフト)から出力した画像を使用しての図化作業が可能であることが判った。

6.4.5 展望

従来，UAVで撮影した画像は3次元モデルやオルソのみに活用できる成果であったが，今回の実験で，SfMの解析結果を用いての大縮尺図化作業に使用可能であることが明らかとなった。ただし，写真測量の作業を想定してない撮影方法により撮影された画像に関しては使用することができないため，図化の作業に必要な撮影成果がどの様なものなのかを把握した上で撮影を行う必要がある。今後は，UAVで撮影をした結果をもとに，航空写真測量を専門とする以外の方にも図化作業が行えるきっかけとなることが期待される。

参考文献

・日本写真測量学会編　2016.　3次元画像計測の基礎　バンドル調整の理論と実践

［山田　秀之，村田　雄一郎　(アジア航測(株))］

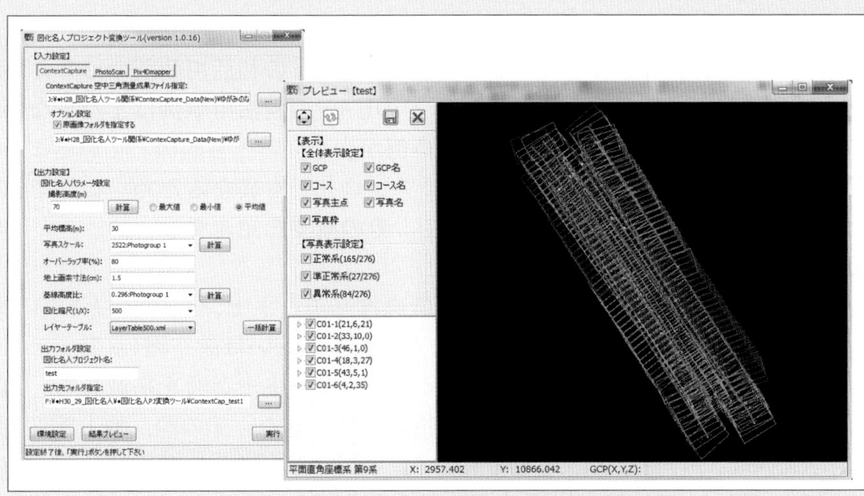

図6-15　図化名人プロジェクト変換ツール画面

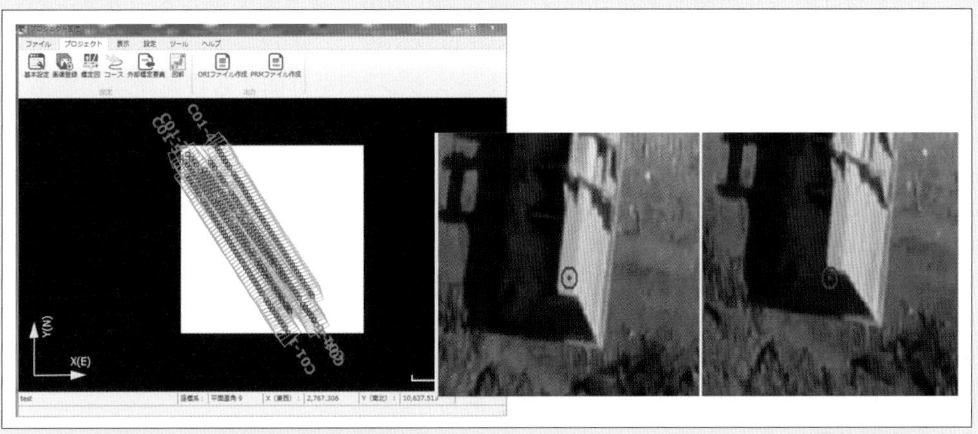

図6-16　図化名人への取り込み　　図6-17　視差が発生している箇所

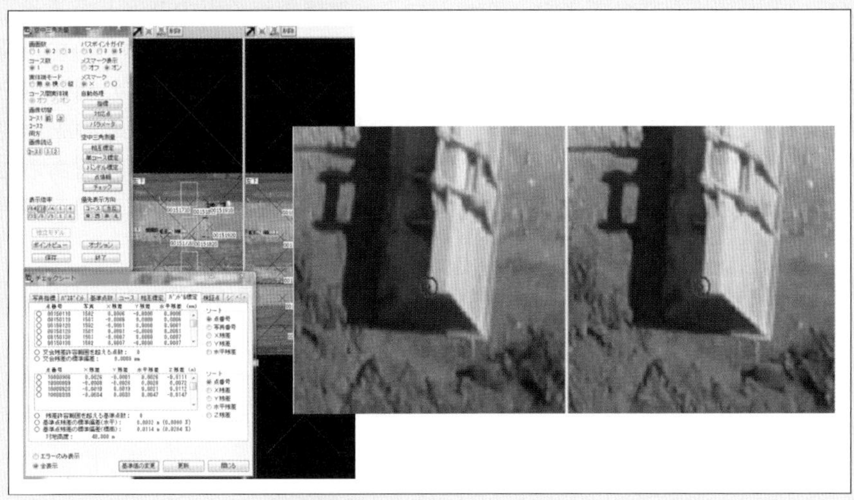

図6-18　視差を最小とした作業

第6章

第7章　環境分野・文化財修復での利活用

7.1　概要

第１章から第６章までに紹介してきた事例は，現在のUAVの利活用範囲のほとんどの領域に相当しよう。それに比べて，環境分野や文化財分野でのUAVの利活用事例はまだ少ないのが現状である。加えて，学際的な研究要素も多く含み実用事例が少ないことも起因しているようである。また，環境分野と文化財分野ではUAVの利活用へのアプローチも異なるため，ここでは，以下のように，環境分野(7.1.1)と文化財分野(7.1.2)に分けて，その概要を記述する。

7.1.1　環境分野

環境分野でのUAVの利活用を考える場合，「低高度リモートセンシング」というアプーチがあろう。これまでのリモートセンシングの主体は人工衛星あるいは航空機(双発・セスナ・ヘリコプターなど)をプラットフォームとしてそれらに各種リモートセンサを搭載して，地表面を観測し，取得画像の処理解析を通じて，多様な環境情報を得てきた。その際，地上解像度や観測頻度(時間分解能)，さらには経費など課題も介在した。図７-１のように多段的(マルチステージ的)なアプローチの一環としてUAVを位置付けて利活用を図ることによって，地上解像度，時間分解能，経費等の課題を軽減できる手法として期待できよう。

また，UAV搭載センサの側面からみれば，現在の主要センサであるデジタルカメラやレーザスキャナに限らず，熱赤外センサ，マルチスペトクルセンサ，ハイパースペクトルセンサなどの搭載が可能になっており，まさに「低高度リモートセンシング」を可能する技術環境が整備されている。具体的には，7.2で事例紹介されているような植生環境調査，自然環境のミチゲーション検討，水辺地の渡り鳥実態把握，動物動態調査，さらには農作物作況調査などへの利活用も想起される。これらの利活用を単一のUAVを使用した場合を想定しているが，複数台のUAVを同時使用することによって，湖沼や湾内などの比較的広範な水域の水質モニタリングへのアプローチも現実的になろう。さらに，図７-２に示すような森林域でのUAV搭載のレーザスキャナによる計測・解析は今後とも注目される利活用事例となろう。環境分野でのリモートセンシングの適用例は枚挙のいとまの無いほど多い。先ずは先導的な利活用事例を学び，そこでの課題解決の一つの手法としてUAVの利活用を見出していくことが肝要であろう。

7.1.2　文化財分野

文化財分野では，UAVの登場以前からカイトや伸縮式ポールなどを用いた近接写真測量などによるアプローチが様々なされてきた。これらにより遺構調査の際の基図となる地形図作成に利用されてきた。また，最近では地上型レーザスキャナを用いた石垣修復のための計測や産業遺産保全のための計測などに威力を発揮している。今後，文化財分野にUAVの利活用を図る場合，これまでの手法では計測し難い箇所への適用が先ず想起され，7.3，7.4はその先導的な事例でもある。また，図７-３に示すような山城城跡が国内の森林域には３～４万箇所あると言われている。このような山城城跡の保全整備にはUAV搭載レーザスキャナによる計測・解析に期待されよう。

［瀬戸島　政博　((公社)日本測量協会)］

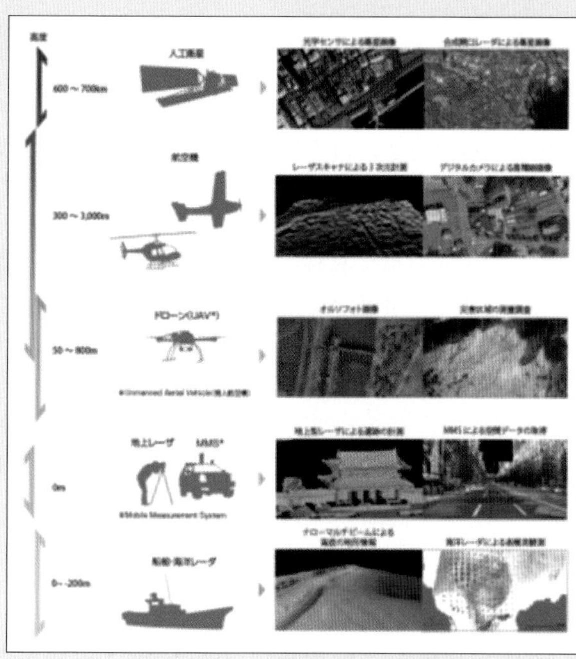

図7-1　多段的なリモートセンシング（国際航業（株））

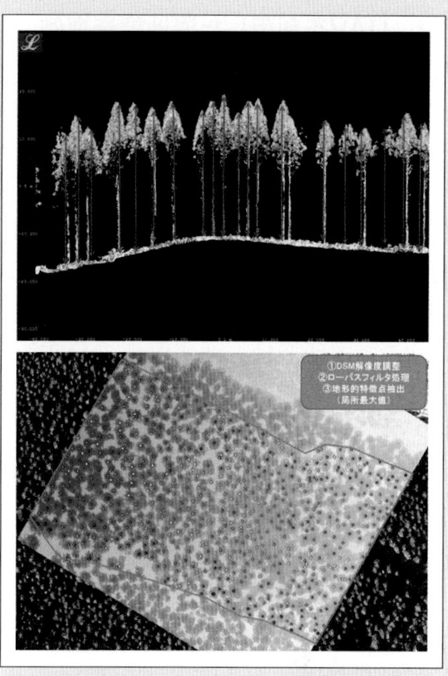

図7-2　森林計測への利活用事例
（ルーチェサーチ（株））

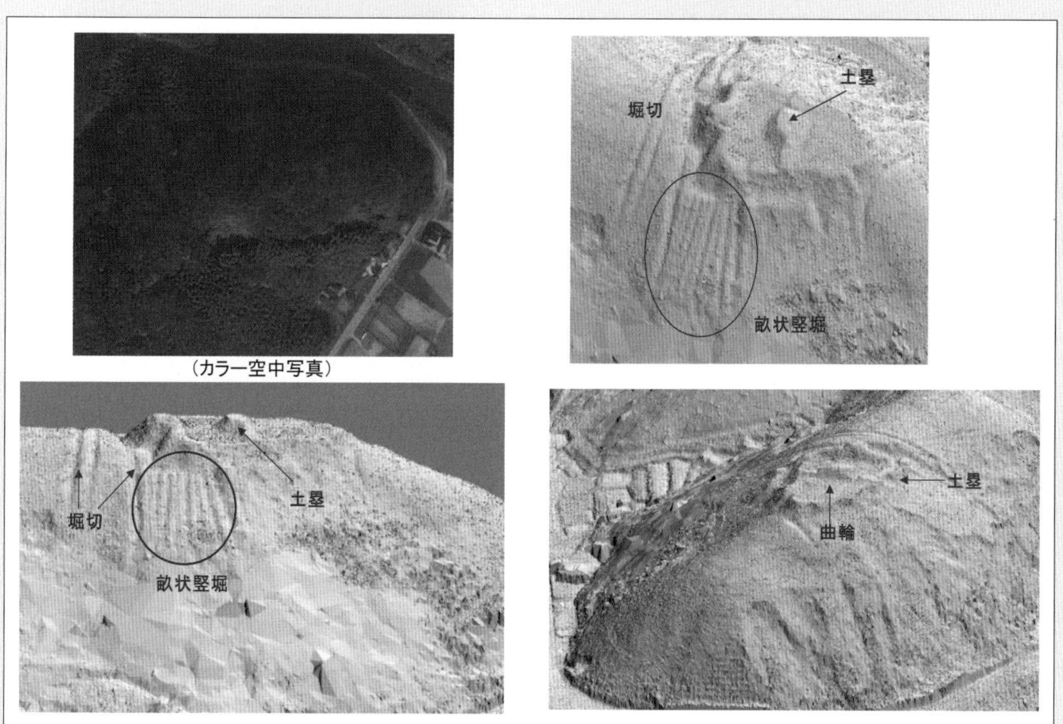

図7-3　UAV搭載レーザスキャナによる山城の縄張り解析への利活用事例
（ルーチェサーチ（株））

7.2 UAVを利用した湿地調査事例

7.2.1 背景・目的

湧水湿地は，地中から滲み出した水で形成される鉱質土壌を持つ小規模の湿地である。東海地方の湧水湿地は，東海丘陵要素植物群と呼ばれる地域固有または準固有種が分布しており保全対象とされている。1995（平成７）年に実施された環境庁の調査によると，湧水湿地は全国に約50箇所と記録されている。ところが，2013（平成25）年から2016（平成28）年にかけて実施された湧水湿地研究会による調査では，愛知県・岐阜県南部・三重県北部・長野県南部・静岡県西部だけでも1,262箇所もの湧水湿地を確認しており，その分布は的確に把握されていない。

そこで本研究は，湧水湿地の分布等を記録したデータベース構築へ向けて，湿地の分布を短期間に把握することを目的に，効率的な湿地の抽出手法の確立を試みた。

7.2.2 対象地域

本研究の対象地域は，湿地の場所が特定されている地域A（岐阜県可児市の湧水湿地５箇所（図７-４）と，湿地の場所が特定されていない地域B（岐阜県恵那市240km^2）とした。

7.2.3 湿地の抽出手法および解析方法

これまでの湿地調査は，航空写真上で見当をつけ現地調査で確認する手法が一般的であった。しかしながら，航空写真で判読できる湿地は大規模なものに限られるうえ，湿地と平地等の区別が難しく効率的な手法と言い難い。そこで，航空レーザデータ（以下LPデータ）で１次調査を行い，２次調査でUAVを用いた湿地の調査手法を検討した。

湧水湿地は，谷底や緩やかな谷壁に点在していることが多く，周辺森林部と比較して植生高が低いと考えられる。このような湿地特有の立地条件（図７-５）をLPデータからArcGISを用いて解析し，湿地の可能性が高いと判断された「湿地候補」をUAVで空撮・写真判読することで，新たな湿地の発見を試みた。なお，解析および空撮は，地域Aに対する検証結果を教師データとし，地域Bで実証することとした。

１）地域Aにおける教師データの検証

湿地特有の立地条件として，地域Aに存在する５箇所の湿地について傾斜と植生高を求めた（図７-５）。傾斜は，数値標高モデル（以下，DEM）を用いArcGISの傾斜角ツールから算出した。植生高は，数値表層モデル（以下，DSM）とDEMの差分から算出した。算出時の基本条件は表７-１の通りである。また，湿地として判読可能な撮影高度を検証するため，６段階の高度で地域Aの湿地を空撮した（表７-２）。

地域Aの湿地の傾斜と植生高を算出した結果，傾斜は湿地と湿地以外で違いが確認されたのに対し，植生高では傾斜ほど違いが確認されなかった。一方，植生高のばらつきを示す変動係数の差が顕著であるため，変動係数を追加し（図７-６～図７-８，表７-３）湿地特有の立地条件は「傾斜」「植生高」「植生高の変動係数（α）」の３項目とした（表７-４）。

また，湿地として判読可能な撮影高度検証した結果，対地高度75m，地上解像度20mm程度で判読可能であった。

２）地域Bにおける教師データを基にした実証実験手法

１）で得た教師データの条件をもとに，地域BにおいてLPデータから「湿地候補」を絞り込んだ。「湿地候補」と既存のオルソ画像等を比較し，明らかに湿地でないと考えられる箇所を除外したうえでUAVにより上記の検証結果で得られた高度・解像度にて空撮し湿地判定の判読を行った。

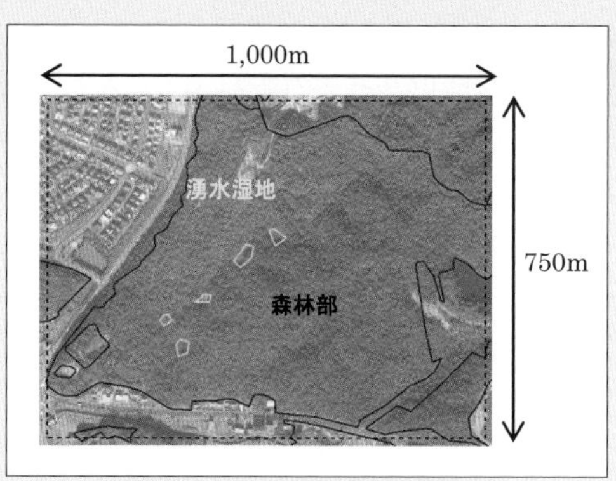

図7-4　地域A解析範囲

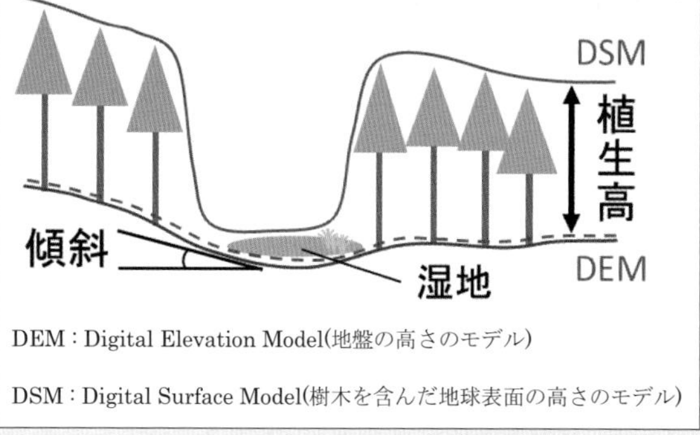

図7-5　傾斜・植生高イメージ図

表7-1　傾斜・植生高算出時の基本条件

	傾斜	植生高
DEM	1mメッシュサイズ(既存値)	1mメッシュサイズ(既存値)
DSM		1mメッシュサイズ(既存値)
手順	DEMを5mメッシュサイズに変換※ (変換時の代表値は平均値)	DSM-DEMを5mメッシュサイズに変換※ (変換時の代表値は平均値)

※メッシュサイズが小さいと湿地をかたまりで抽出できないため，1mから5mへ変換した。

表7-2　撮影時の対地高度，使用機器および判読基準

対地高度	15m　30m　50m　70m　115m　135m　(いずれも目安)

使用機器		
Phantom 4 Pro	メーカー　DJI プロペラ数　4枚 モーター間寸法　35cm ペイロード　1.4kg 飛行時間　約30分	耐風速　10m/s 自律飛行　可能 使用カメラ　DJI FC6310 解像度　5472×3647

判読基準	
空間要素	樹木の少ない小空間の存在(不規則で，輪郭が一定していない裸地空間)
植生要素	低草木の存在(ヌマガヤ，イヌヒゲ類など，淡い緑色)
	低木の存在(樹高1-2mほどの孤立木や疎林)
地形要素	礫の存在(白く点在)
	湿潤な地面の存在(黒く点在)　細流の存在(黒く細長い線)

7.2.4　結果および成果

地域Bにおいて「湿地候補」を絞り込んだ結果，約5.7km^{2}が抽出された(図7－9)。うち，5エリアをUAVで空撮し表7－2に照らし合わせて判読した結果，11カ所の湿地を発見した(図7－9の赤丸)。加えて，上記11カ所の湿地を現地踏査した結果，その全てが間違いなく湿地であることを確認した(表7-10)。さらに，UAVで空撮していない「湿地候補」をいくつか現地踏査した結果，6カ所の湿地を発見した(図7－9の青丸)。LPデータとUAV，現地踏査を組み合わせることで合計17カ所の湿地を発見できたことから，本研究手法は湧水湿地のような小規模な湿地の抽出に有用であると考える。

7.2.5　今後の展望

今回，湿地の抽出から現地踏査まで約4カ月を要したが，その殆どはLPデータ解析に費やしているため，一度，抽出手法を確立してしまえば，より短期間で効率的に湿地が発見できる。課題として，約5.7km^{2}を湿地候補として抽出したのに対し，僅か5エリアの空撮であったため写真判読していない湿地候補が数多く残っている。湿地の多くは林内にあり目視飛行が困難であることから，今後は目視外飛行も検討する必要がある。

謝辞・参考文献・使用データ

本研究は中部大学問題複合体を対象とするデジタルアース共同利用・共同研究IDEAS201716の助成を受けたものです。

・植田邦彦，1989(平成元)年，東海丘陵要素の植物地理Ⅰ定義，植物分類・地理，40，190-202
・岡田光正，1994(平成6)年，湿地の特性とその機能，水環境学会誌Vol. 17，No. 3
・富田啓介・高田雅之・上杉毅・澤田與之・早川しょうこ・楯千江子・篭橋まゆみ・河合和幸・横井洋文・大畑孝二・小玉公明・大羽康利・所沢あさ子・佐伯いく代・山田祐嗣・鬼頭弘・鈴木勝己，2016(平成28)年，東海地方における湧水湿地インベントリ作成の試み，第63回日本生態学会
・浜島繁隆，1976(昭和51)年，愛知県・尾張地方の小湿原の植生(Ⅰ)，植物と自然，10(5)，22-25
・岐阜県林政部，林班界データ(岐阜県全域，外周線のみ)
・国土交通省越美山系砂防事務所，2013(平成25)年度木曽川流域工区レーザ測量業務成果
・国土交通省多治見砂防国道事務所，2008(平成20)年度多治見砂防管内広域航空レーザ測量作業成果

［水野　歩未　((株)テイコク)］

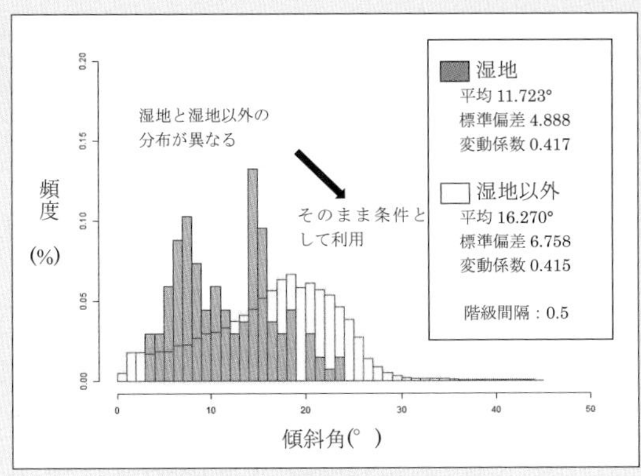

図7-6　傾斜の頻度分布図

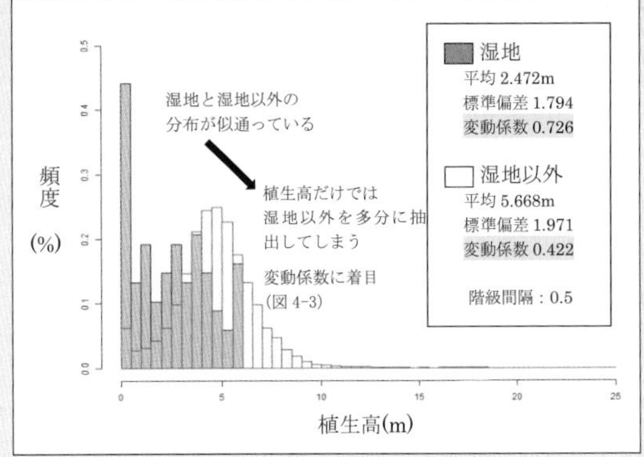

図7-7　植生高の頻度分布図

表7-3　変動係数の解析手順

手順1	メッシュサイズ変換時の代表値を「最大値」とした植生高を算出
手順2	(最大値-平均値)/最大値 = α を求める

表7-4　湿地の立地条件

傾斜(°)	3.440≤傾斜≤16.766 (湿地0%値～85%値)
植生高(m)	0.044≤植生高≤5.880 (湿地0%値～100%値)
α	0.384≤ (湿地10%値以上)

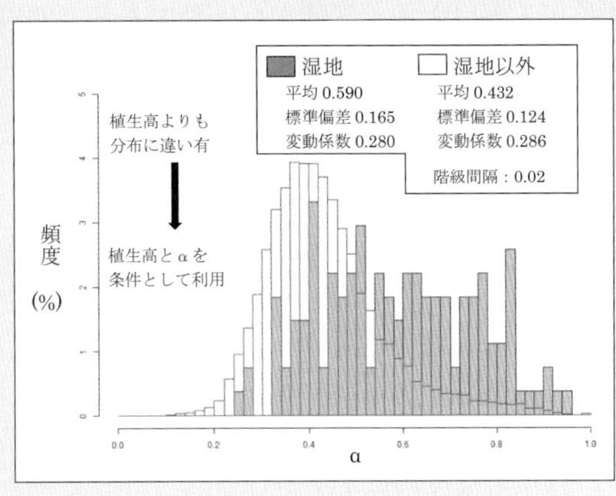

図7-8　αの頻度分布図

図7-9　湿地候補と調査箇所

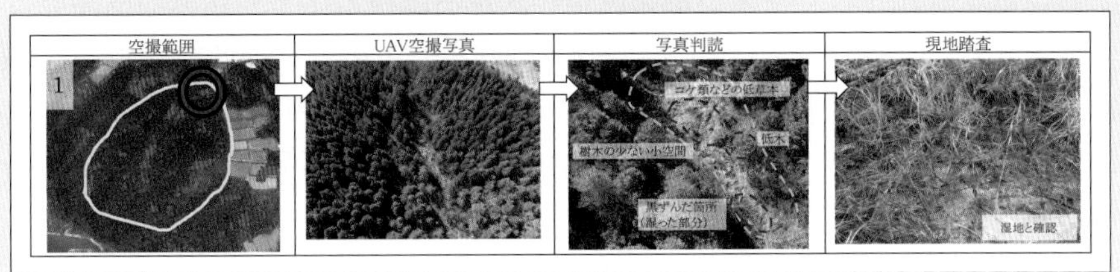

図7-10　写真判読および現地踏査結果(一部抜粋)

7.3 UAVを用いた歴史的建造物の調査研究

7.3.1 背景・目的

歴史的建造物である京浜港ドックの現況３次元モデルを作成し，併せて現存資料から明治～平成までの京浜港ドックを３次元アーカイブとしてまとめた。この様に時代ごとの変化を確認する事が構造物の維持管理で重要である。この対象地区は港湾 i-Constructionの実証試験場であり，今回はUAV写真測量による３次元モデルの作成を行った。

7.3.2 対象地域

計測対象地域とした京浜港ドック(以下ドック)(図７-11)は，1926(大正15)年に完成した大型ケーソン(地下構造物を構築する際に用いられるコンクリート製または鋼製の箱)を制作するドライドックである。このドックは，横浜港第３期拡張工事(1922(大正11)年～1946(昭和21)年)において，大型ケーソンや鉄筋コンクリート円環構造物，L型ブロックを大量に制作し，当時の横浜港整備工事に大きく貢献した施設である。2017(平成29)年９月に土木学会選奨土木遺産に認定され，歴史的建造物に指定された。このようなドックの全体が網羅される10,477m^{2}を計測した。

7.3.3 解析方法

1）計測方法

UAVによる撮影にあたり，歴史的建造物との衝突を避けるため，計測範囲の建物から30m以上の距離を保ち離隔調査(図７-13)を行った。この事前調査と『UAVを用いた公共測量作業マニュアル(案)(2016(平成28)年３月)』(以下作業マニュアル)を参考に，位置精度0.05m以内，地上画素寸法を0.01m以内とした撮影計画に基づき撮影した。

高低差がある構造物をUAVで撮影する場合，３次元点群データの品質を上げるためには，撮影計画に工夫が必要となる。本実証試験場はドックの高低差が16mあることから，底面の地上解像度の低下を避ける為，計５コースのアロングの内，底面を通るアロング２コース関しては，他のコースより10m低く撮影を行った。また，写真の繋がりや撮影コース同士のブロック強化のため，等高度でクロス撮影を行った。そして，ドック側面の３次元化を緻密にするため斜め撮影を実施した。

標定点設置に関しては，作業マニュアルの通り内側標定点，外側標定点の合計10点配置し，検証点を11点配置した。観測は，本実証実験で設置した新設基準点からTS(トータルステーション)による放射法にて標定点・検証点の座標を観測した。

なお，今回の解析方法に関しては，図７-12に示す作業フローの手順で実施した。

2）３次元データ作成

標定点・検証点の座標データを撮影した複数枚の写真から，対象の形状を復元するソフトであるSfM(Structure from Motion)に取り込み(図７-14)，撮影した写真位置の確認(図７-15)を行った。その結果を元に，SfM＋MVSソフトウェアであるStreet Factory(AIRBUS社製)を使用して，３次元形状の復元を行いMVS(Multi View Stereo)処理により３次元形状復元を行った。３次元形状の復元結果の確認をするために，３次元ビューアソフトウェアであるTerraExplorer(Skyline社製)を利用して成果品の確認を行った(図７-16)。

また，現存資料の収集を行い，1926(大正15)年，1933(昭和８)年，1990(平成２)年のドックの設計図(図７-17)を基に３時期の３次元モデルデータ(図７-18)を作成しドックの時代変遷を確認できる資料を作成した。

さらに，ドックの着工前から竣工以降の周辺埋立地の変遷も確認できるように1875(明治７)年，1923(大正12)年，1924(大正13)年，1926(大正15)年，1933(昭和８)年の紙地図をデー

図7-11　UAV計測箇所

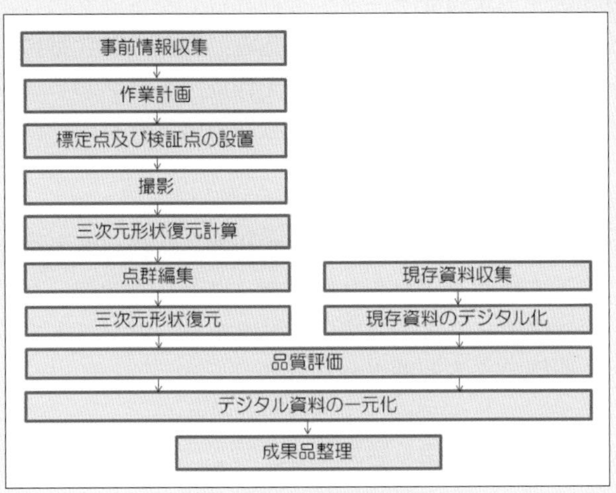

図7-12　解析手順

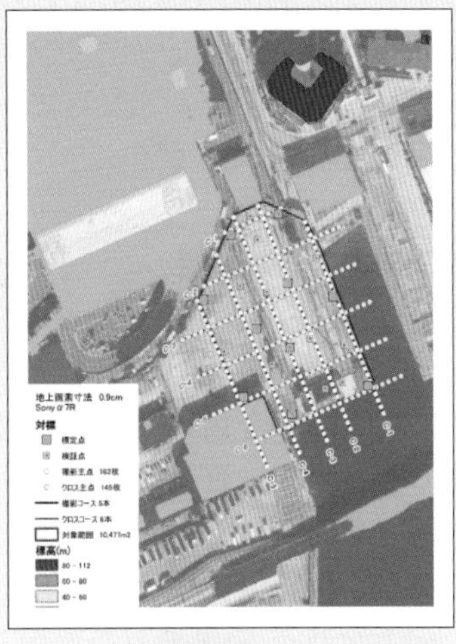

図7-13　離隔調査のための標高図

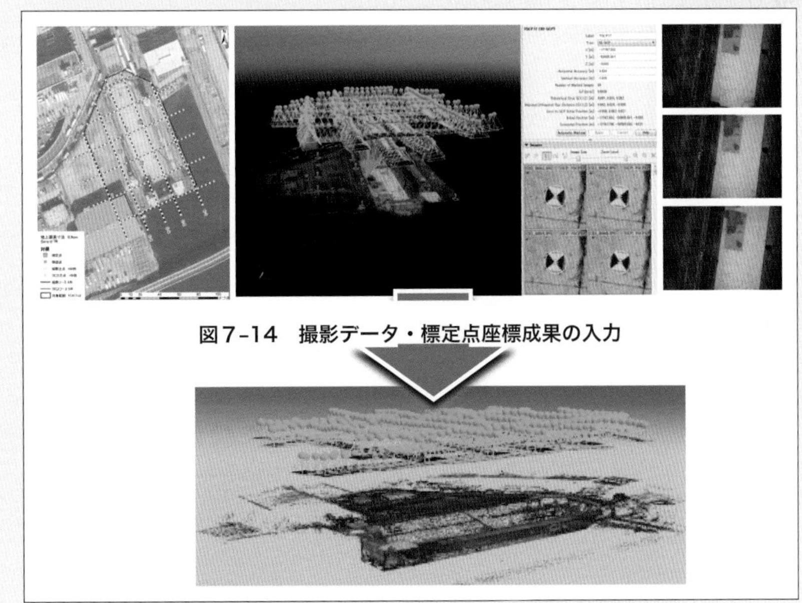

図7-14　撮影データ・標定点座標成果の入力

図7-15　SfMによる撮影位置の表示

第7章

タ化し，位置調整を行い，２次元地図データとして３次元ビューアに整備した(図７-20)。

7.3.4　結果および成果

京浜港ドックの実証実験では，対象範囲の状況により撮影計画を工夫することで，側面のモデル化，３次元形状復元データの品質向上(凹凸の少ないデータ)や，緻密な建造物を再現することができ，葺石の表現が認識できる詳細な３次元形状復元データを作成することができた。

現況構造物等の３次元形状復元データ作成は，UAVで撮影した連続写真を使用しデータ作成をする為，人的主観が入らず，詳細なデータをありのまま作成することができる。また，視覚的にも見やすく，構造物等形状把握には有効である。従来の図面，模型，AR，オルソ画像作成など，幅広いデータの活用が可能である。

３次元データを用いた調査ではデータを表示するツールが重要になる。今回は，現存資料を活用し過去の設計図を基に復元した３次元モデルデータ，過去の周辺地図を基に作成した２次元の面データ，2016(平成28)年に作成した周辺３次元形状復元データ，今回作成したドックの３次元形状復元データをビューワソフトTerraExplorer(Skyline社製)に取り込み，種類と時代毎にレイヤー分けを行った。それらビューワソフトにより一元管理したデータを作成，ドックおよび周辺地図の３次元アーカイブとしてまとめ，歴史的土木遺産として変遷が分かる研究資料の一部として作成ができた。

7.3.5　今後の展望

上述のようにビューワソフトに各時代のデータを取り込めば，経年変化等，時代ごとの変遷を分かりやすく表現することができ，用途に応じて時期が異なる３次元データと２次元データの活用ができる。今後も，過去に遡った資料から計測データまで幅広いデータを一つのソフトで統合する事により，資料の幅広い分野での活用に期待できると考えられる。

謝辞・参考文献

最後に資料提供頂いた，国土交通省関東地方整備局に深く感謝する。

・国土交通省 関東地方整備局
http://www.ktr.mlit.go.jp/kisha/pa_00000223.html

［青山　光一　((株)パスコ)］

図7-16　SfM処理後MVS処理による３次元形状の復元

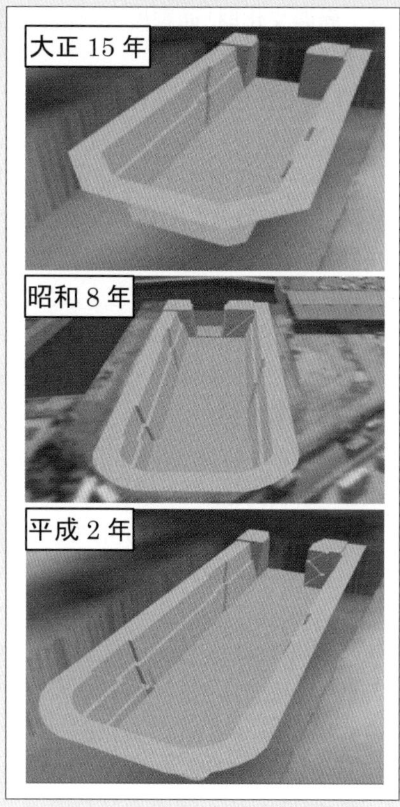

図7-18　設計図を基に作成した
３次元モデルデータ

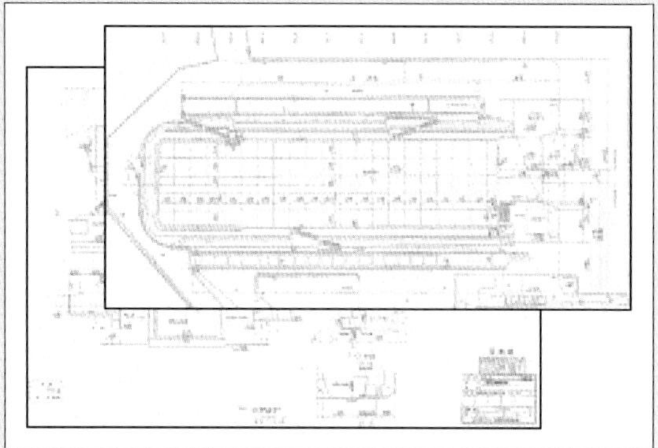

図7-17　ドック設計図

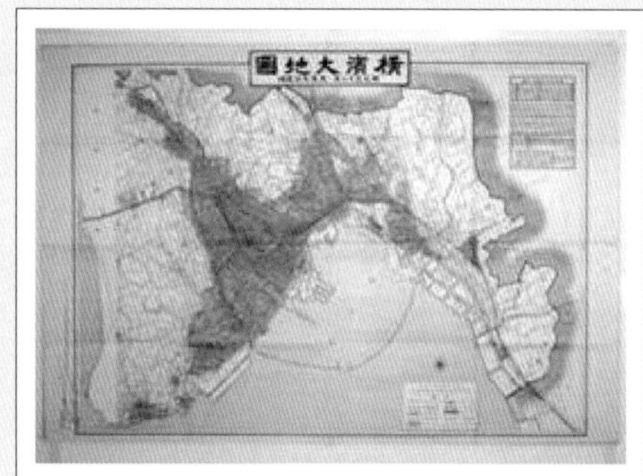

図7-19　周辺地図(紙地図)

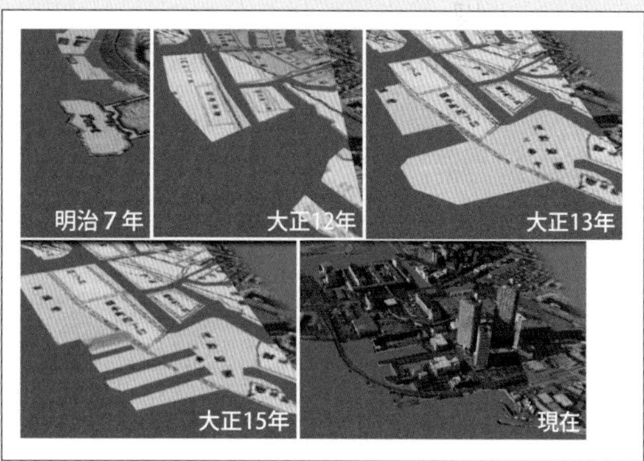

図7-20　各時代の周辺地図

7.4 重要文化財「通潤橋」保存修理工事における３次元データの活用

7.4.1 背景・目的

通潤橋の管理者である山都町は，2010(平成22)年3Dレーザスキャナ(以下TLS)計測による測量図を完備していた。一方筆者らは2013(平成25)年，通潤橋の保存活用計画の策定にあたり，現状の損傷状況の把握を目的にTLSとUAVで撮影した画像で生成した3Dモデルを用い，2010(平成22)年時点のデータとの比較から石垣の「孕み出し」の進行度合いは段彩図で表現できること，また高精細画像で石材亀裂の有無判読が可能であることを検証し，モニタリングの基礎データを用意していた。そのようなとき，2016(平成28)年４月の「前震」「本震」で通潤橋は被災し，災害復旧工事中の2018(平成30)年５月の豪雨で壁石の一部が崩落した。以下は，２時期の「保存修理工事」において，UAV画像他を用いて生成した3Dデータの活用例を紹介する。

7.4.2 対象地域

熊本県山都町　重要文化財　通潤橋

7.4.3 解析方法

１）UAV撮影画像による3Dモデル構築

UAV画像を用いた3Dモデル構築，石材損傷の進行を「保存修理工事」に有効に活用するためのフローを図７-21に示す。使用したUAVは主にDJI社のPHANTOM（Inspire）であるが，撮影年代に応じ，例えば2016(平成28)年は距離センサ，2018(平成30)年はRTK等の最新機能が，如何にモニタリング，保存修理工事支援に活用できるかについても検証できるようにした。カメラはUAV搭載のものを用い，多視点から60％以上ラップするように撮影を行い，対象物の表面形状をリアルな高密度データとして取得した。TLSのデータも参照し，SfM解析で3Dモデル構築を行い，各事前の立面図データと比較し，石材損傷の進行程度を確認できる(図７-22)。3Dモデルで詳細な形状や任意位置の断面を参照できるほか，時期の異なるデータ比較も容易となる。地震前・後，一部崩落後の変化を断面表示などで細かく分析することで，修復検討の資料として活用した(図７-23)。

２）はらみ出しが確認された石垣部分の「修復方針検討」への活用

正確な石垣の変形箇所とその程度を特定する必要があったため，UAVとTLSで撮影，計測を行い，2013(平成25)年時点のデータとの比較を行った。これにより，東面の石垣の上部で，最大15cm程度のはらみ出しが３箇所確認された(図７-24)。３次元計測データをもとに修復履歴と橋の石垣構造の再検討を行うことで，「通潤橋の石垣は，上から２段目までは裏込めが無く控えの短い石材が，その下部は裏込めを有し，控えの長い石材で組まれた石垣であり橋の本体構造である」，肉眼では連続した石垣のように見えるものの「区分して考える必要がある」など，委員会での判断を支援する資料として活用された(図７-25)。

３）壁石の一部が崩落した石材の配置検討

2018(平成30)年５月の豪雨で壁石の一部が崩落した石材は，別のヤードでTLSで計測，またUAVカメラで撮影し，石材の詳細な３次元モデルを作成した。それらをパソコン上で詳細に石材配置の検討が可能な「石造物修復支援システム」で再構築した(図７-26)。

7.4.4 結果および成果

３次元計測データの比較により経年変化と区分して地震により変形が生じた箇所と程度を明確に判断でき，災害による影響を可視化する重要な根拠資料となった。文化財のなかでも通潤橋を含む大規模な構造物は，長い年月をかけて保存されてきた過程で，少なからず変形が生じている場合や修復が行われているものもある。３次元データを用いることにより，修復方針の検討にあ

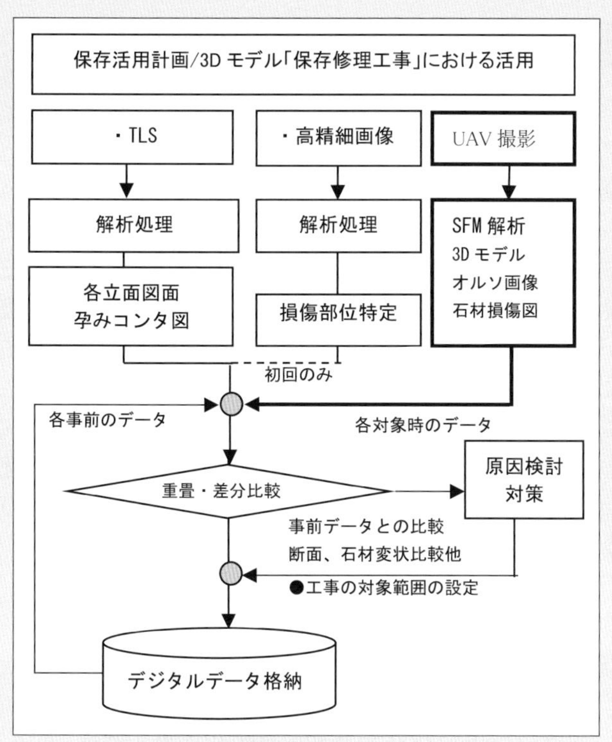

図7-21　UAVの保存修理工事における活用

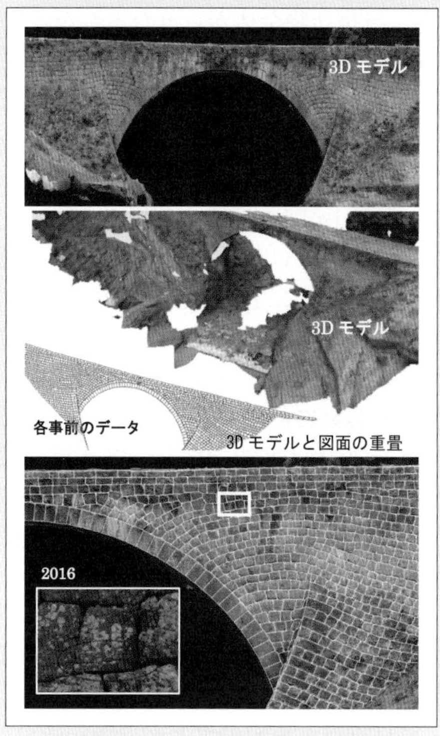

図7-22　3Dモデルの活用例

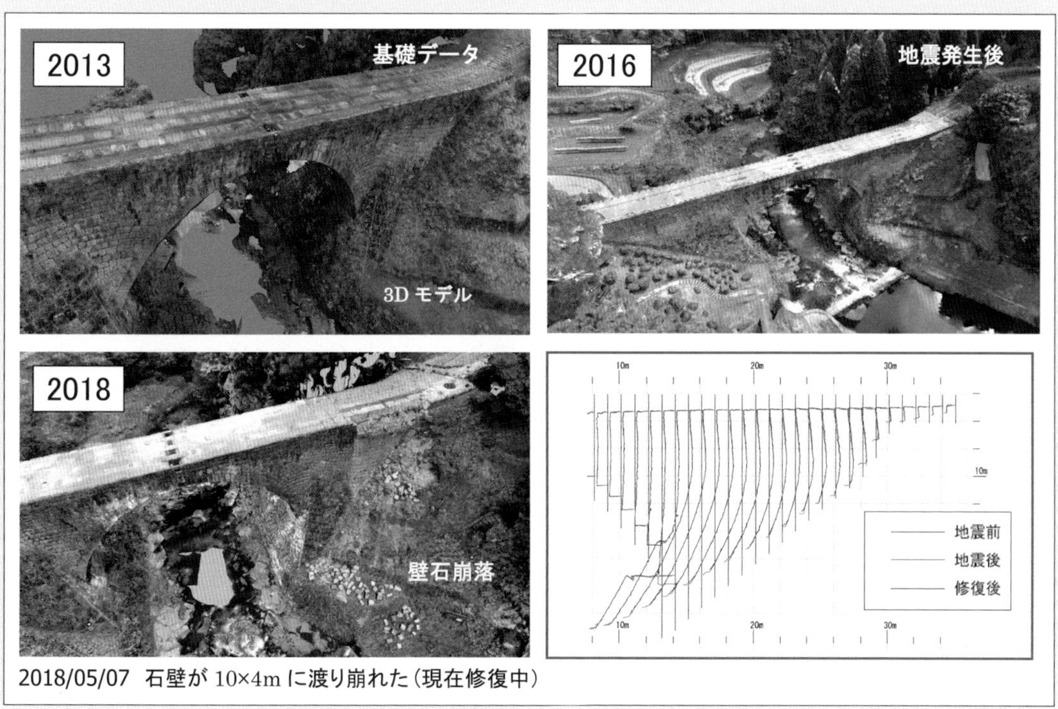

図7-23　UAV／3Dモデルの保存修理工事への活用

第7章

たり，「構造物全体からみた影響などを判断する資料」として活用できるものと考える。

7.4.5　今後の展望

通潤橋の修復を通して，３次元計測データ等が整備されていること，また平時より文化財としての本質的価値と保存管理について充分な検討がなされていることが重要である。

近年，わが国では数年おきに地震や豪雨等の大災害が発生し，その対策としての「防災・減災・救済」が国を挙げての喫緊の課題であり，とくにUAVがその中で重要な役割を担い始めている。筆者らは以前から「石造物修復支援システム」の機能向上を図るため，城郭石垣等の3Dモデル生成のためにTLSやUAVレーザ・画像を用いた情報収集を行っている。今回の通潤橋に限らず熊本城の石垣修復においても，地震前・後における３次元データ整備の重要性が認識されて始めている。UAVで撮影した画像をもとにSfMで解析することで，あるがままの3Dモデルとして形状を容易に再現できる。UAV画像にこだわる必要はなく，オーバーラップした画像があれば3Dモデル化は可能であり，例えば地域のNPO等と連携を図ることで「地産地消による文化財の3Dモデル構築」ができ，地域の文化財の情報取得に大きく貢献する可能性がある。「わが町の文化財は，地域で守り，伝える」という意識や愛着が広がればと考える。

謝辞・参考文献

通潤橋の保存活用計画の内容は，山都町（津山恭子氏）の，「2016（平成28）年熊本地震で被災した文化財の保護・復旧および埋蔵文化財調査・保護の現状と課題」での講演資料を参考にさせて戴いた。ここに深謝の意を表す。

・西村正三：地形表現とその周辺その23，軍艦島―近代化産業遺産の可視化表現，測量，2016（平成28）年

［西村　正三，安井　伸顕　（（株）計測リサーチコンサルタント）］

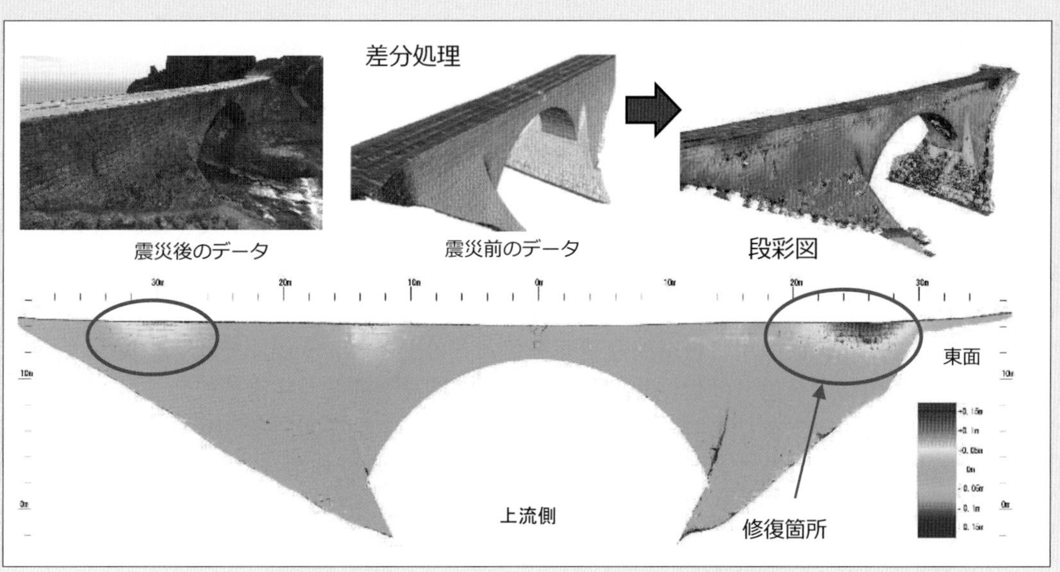

図7-24　地震前後（2013（平成25）年・2016（平成28）年）の石垣変位の比較図

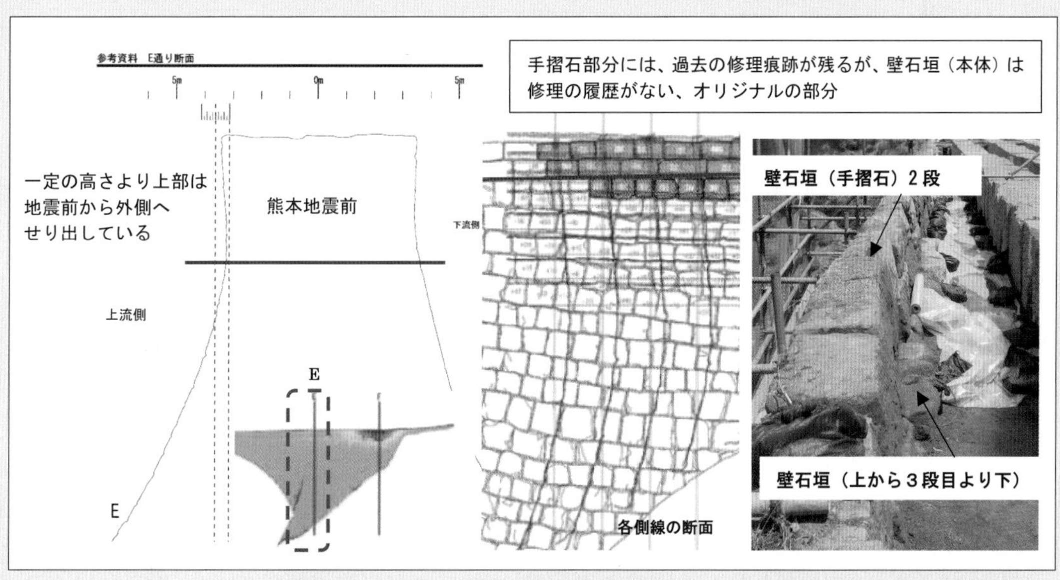

図7-25　石垣構造と石垣修復範囲・方針（山都町提供）

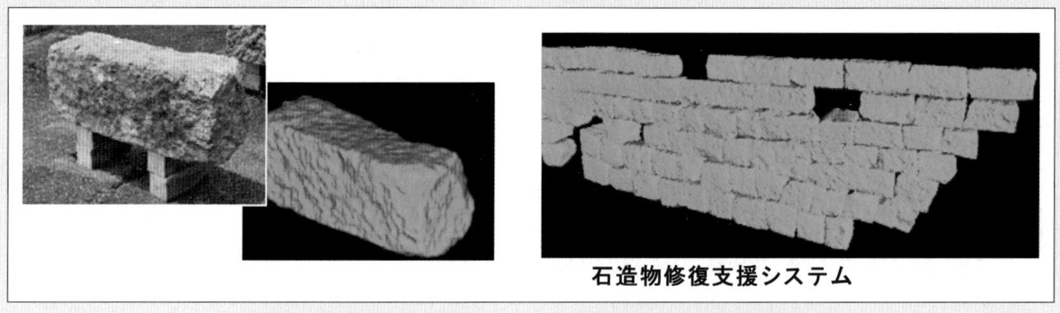

図7-26　崩落石材の3次元化とPC上での積み上げ配置状況

第7章

第8章　教育研修分野での利活用

8.1　概要

UAVを利活用していく実務者にとって，UAVを含む測量・地理空間情報分野の教育研修においては，①測量・地理空間情報に関する技術的な情報発信とその受信(Information：Ⅰ)，②測量・地理空間情報分野の多様な技術情報の共有化と相互認識(Communication：C)，③専門技術と関連技術の習得(Technology：T)のバランスが重要となろう(図８-１)。加えて，そのような教育研修を一方的に供給していくだけでは技術者にとっても受動的な教育研修に終わることになり，技術者自身の能動的な継続教育も併せて考えていくことが現在の潮流であろう。以下，(公社)日本測量協会で開催している教育研修を例示しながら述べる。

１）測量・地理空間情報に関する技術的な情報発信とその受信という側面では，①技術イベント等を通じた技術情報の発信・受信と共有化，②専門機関誌を通じた技術情報の受信と共有化などが挙げられる。①では，毎年11月頃に開催されているＧ空間EXPOが挙げられる。G空間EXPOでは産学官の連携によりＧ空間社会(地理空間情報高度利用社会)の裾野の拡がりを国民社会に発信し，新しいサービスや技術の向上，新しい提案や創意工夫の場として活用できる。また，測量・地理空間情報に関する技術とそれを利用した新ビジネスの展開，技術者同士の専門技術情報の双方向での発信の場として測量・地理空間情報イノベーション大会やUAV実務者セミナーなどの場が最適となる(図８-２～８-３)。②では，(公社)日本測量協会の機関誌である月刊『測量』(協会設立時から発行し，2019(平成31)年１月号が通算814号にあたる)には，毎月UAVに関するホットな記事や連載記事が掲載され最適となろう。

２）測量・地理空間情報分野の多様な技術情報の共有化と相互認識という側面では，UAVを広く測量業務全般に利用していくためには，UAVを担当する技術者個々人の様々なスキル(能力)を向上させることが必要とされる。その主要なスキルとしては問題発見・解決能力，企画提案能力，文章作成能力，プレゼンテーション能力などが挙げられる。これらの主要な能力向上のためにはスキルアップ教育研修が欠かせない。また，有資格者等の一定レベル以上の技術力を保有する技術者集団の活動等を通じて，技術力の向上や多様な技術情報の共有化などが可能な環境づくりにも努める必要があろう。

３）専門技術と関連技術の習得という側面が本章のメインテーマである。UAVに関する教育研修を進めていく場合，配慮すべき点は初心者レベルから，その中核技術をなす専門技術者認定に代表されるような専門家レベルまでの幅広い教育研修を施すことである。一例として日本測量協会におけるUAV教育研修の全体像を示す(図８-４)。本章中の8.2は，初心者向けの教育研修であり，UAVに撮影計画策定～撮影データに基づく３次元計測までの手順や処理手法を学ぶものである。8.3は初心者から中級者を対象とする教育研修で，航空レーザ測量による３次元計測の処理手法を学ぶものである。図８-４(前掲)のように，(公社)の場合は，最終的には地理空間情報専門技術者(写真測量１級・２級)の認定資格取得まで視座に入れたブリッジ式の教育研修体系の中で，このような個別の教育研修が実施されている。また，8.4はUAVを用いた３次元計測の入門コースから操縦技能コース，初級コース，中級コースまで網羅した民間ベースでのUAV教育研修である。

［瀬戸島　政博　((公社)日本測量協会)］

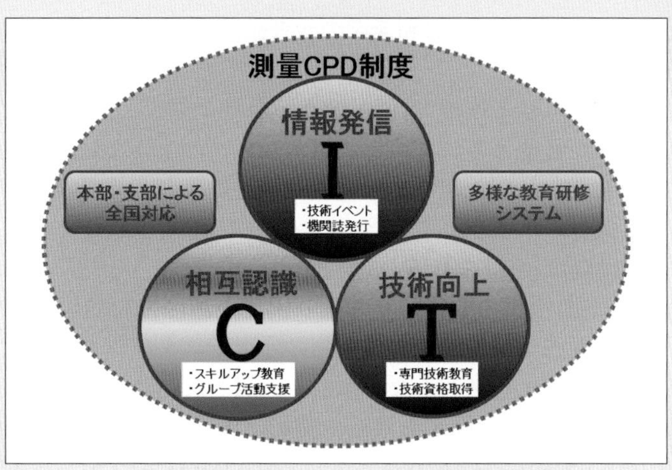

図8-1　測量・地理空間情報分野の教育研修の構成

図8-2　イノベーション大会

図8-3　UAV実務者セミナー

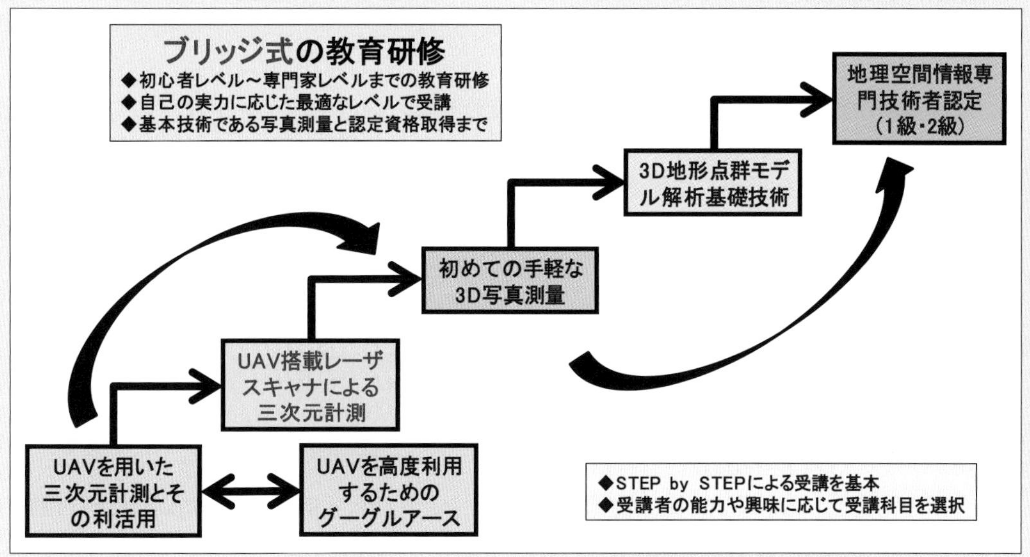

図8-4　UAV教育研修の体系(日本測量協会での例)

8.2 UAVを用いた３次元計測とその利活用の教育研修事例

8.2.1 背景・目的

土木建設分野におけるあらゆる段階(計画・調査・設計・施工・維持管理など)で，３次元情報や高精細な画像情報などが必要とされている。以前からこのような情報の取得や構築には本格的な測量システムが導入してきたが，現在では局所地域を対象とする場合など一定の条件下で，センサ等をはじめとする機材の小型化による「ミニサーベイ」が可能になった。その代表的な技術としてUAV(小型無人飛行機)が挙げられる。

UAVは，局所地域の空間情報の取得，立ち入り困難な地区での防災調査，橋梁・ダム等の施設維持管理のための確認調査，環境調査，農産物の作況モニタリング，文化財調査，さらには警備，消防，報道，エンターテインメントなど幅広く活用され始めている。

この講習会では，UAVの撮影計画から飛行・撮影，データ解析，オルソ画像作成までの一連の作業を実体験し，その技術を習得するとともに，UAV取得データからオルソ画像を作成する自動オルソ作成ソフトを用いて建物周囲から撮影した複数の地上画像より建物３次元画像を作成する処理方法についても習得することとしている。

ここでは(公社)日本測量協会が2014(平成26)年以降，各地で開講した講習会の一端を紹介する。

8.2.2 講習会の進め方とその内容

この講習会ではUAVを用いた測量・調査などへの利活用を前提とし，講習会の冒頭で「UAVの利活用からの発想」，「UAVの現状と今後の動向」について講義し，次いで，「UAVの撮影計画と撮影」の実習を経験してもらい，撮影画像に基づく３次元計測，さらには，撮影時の安全性や災害調査などの代表的業務への利活用について総合的に討議した。

1）UAVとその構成・機能の把握

講義後に，実際のUAVの構成および機能等について実機を見ながら説明し，構成・機能等のアウトラインを概括的に把握した(図８-５～８-６)。

2）自動飛行プログラムの作成

撮影地区を下見した上で，各受講者には専用の自動飛行プログラムを用いて，撮影地区の背景図の画面出力，飛行諸元の設定，撮影経路の設定，写真撮影動作の設定という順に飛行計画を立案した(図８-７)。

3）撮影計画の検討

受講者の中から複数名を選び，立案した撮影計画の特色やポイントなどについて，受講者全員の前で発表し，質疑応答や意見交換をした。また，講師側からそれらの撮影計画に対する課題や修正などを指摘して撮影計画の詳細を確定した(図８-８)。

4）UAVの飛行と空中写真撮影の実施

PCとUAVをコミュニケーションケーブルで接続し，保存した撮影計画プログラムをアップロードした。UAVの飛行にあたっては，受講者および操作者ともにUAV本体から10m以上離れるようにして，離陸から上空５m程度まではリモートコントローラーの手動操作とし，それより上空では自動飛行とした。飛行・撮影記録はUAV本体に装着されたSDカードに飛行ログとして記録される。

5）撮影データの３次元化処理

今回の講習会には，UAV撮像画像3D処理用ソフト(Pix4Dmapper：Pix4D社製自動オルソモザイク&3D処理ソフト)を使用した。撮影データの３次元化にあたっては，撮影画像データの入力(図８-９)，位置データ(緯度・経度・高さ)の入力，カメラモデルの確認(正しいカ

図8-5　使用したUAVの組み立て

図8-6　使用したUAVの外観

図8-7　受講者による撮影計画の策定

図8-8　講師による撮影計画の策定のチェック

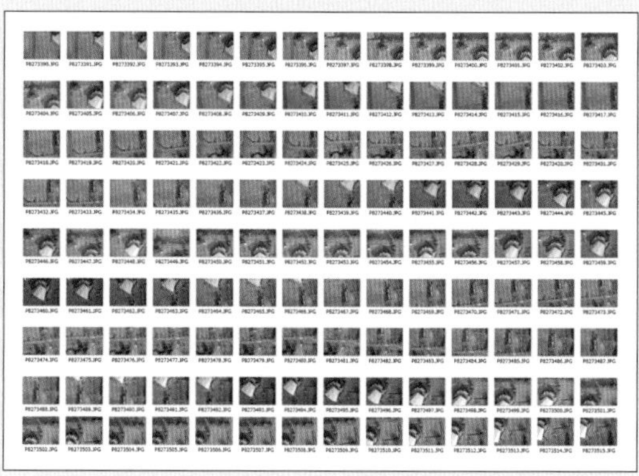

図8-9　UAVによる撮影データ

図8-10　作成されたオルソモザイク

メラモデルが選択されているかの確認）という順に処理し，ほぼフル自動方式で３次元ポイントグラウンドデータ，標高データ，オルソモザイク（図８-10）を作成した。

6）建物撮影データを加えた３次元化処理

UAVによる空中写真撮影とともにGPS付携帯用のデジタルカメラを用いて建物の四周を撮影（図８-11）し，Pix4Dmapperを使用して建物データの３次元化処理を行った（図８-12）。UAVによる撮影データから３次元化と建物データの３次元化を重ね合わせ処理（図８-13）することでリアルな3D画像（図８-14）が作成できることを習得した。

7）総合討議

上記のような処理実習を終了した後，撮影時の安全性等や今後の代表的な利活用業務などについて，質疑応答を踏まえつつ総合討議した。撮影時の安全性に関しては，災害発生直後での運行の可能性，撮影条件，航空法による規制，積載量，海外作業への適用，安全対策，損害保険，機材トラブル，プライバシー問題などについて討議した。また，今後の代表的な利活用業務として表８-１に示すような対象が挙げられた。

8.2.3 まとめ

総合討議を通じて，表８-１（前掲）に示すような今後の利活用業務の主な対象を洗い出すことができた。UAVとそれを利用した各種計測調査は，現在の地理空間情報界の最も注目されている技術分野の一つであり，その一端を知るための講習会として何らかの貢献が果たせたものと理解している。

［瀬戸島　政博　（（公社）日本測量協会），村木　広和　（国際航業（株））］

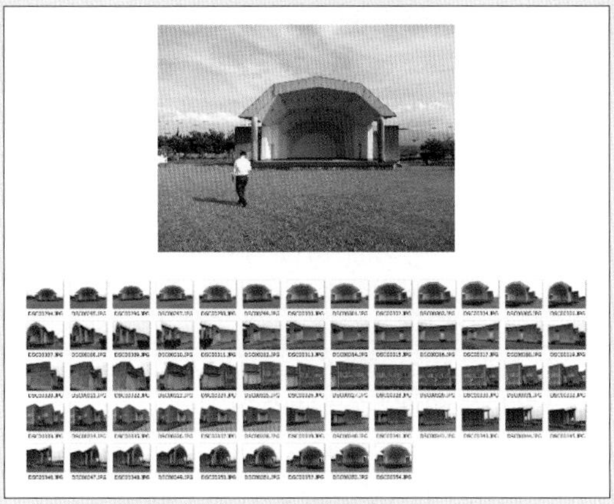

図8-11　建物(上)と撮影データ(下)

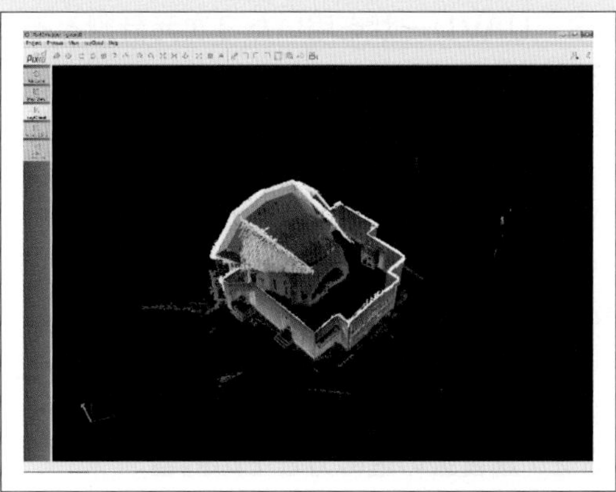

図8-12　建物データの３次元処理画像

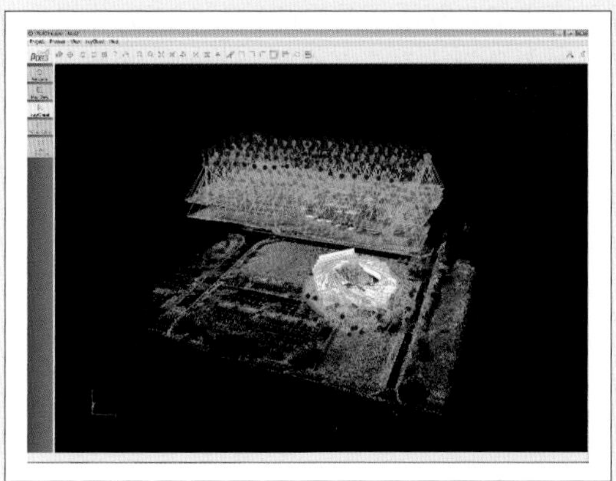

図8-13　UAVからの3Dと建物の3Dの重ね合わせ

図8-14　最終的に作成された3D画像

表8-1　今後の代表的な利活用業務の検討結果

利活用分野	具体的な利活用の対象
災害調査	各種災害状況把握，ハザードマップ作成，災害現場の３次元データ取得など
各種調査	道路・河川・用地・土地利用・植生等の調査，海岸浸食調査，農作物管理など
保守点検管理	構造物保守点検，橋梁点検，コンクリート空洞化調査など
施工管理	工事前・中・後の比較，土量算出，中小規模での造成，河川管理，
空撮・3D化	小範囲撮影，ビデオ撮影，記念撮影，観光資料，添付写真資料，広告写真，イメージビデオ，図面整備，オルソ，鳥瞰図作成

8.3　UAVレーザを用いた３次元計測とその利活用の教育研修事例

8.3.1　背景・目的

i-Constructionをはじめとする土木建設分野における計画・調査・設計・施工管理まで，あらゆる段階で３次元情報が必要とされている。現在，それらの情報の取得や構築などにあたって，UAV(無人小型飛行機)を用いた３次元測量システムが注目されている。

(公社)日本測量協会では，比較的早い時期からUAV搭載デジタルカメラによる写真測量方式での講習会を開催してきた。加えて，昨今，UAV搭載の小型レーザスキャナを用いた３次元測量システムが導入され，急速に進展している。このような状況を鑑み，「UAV搭載レーザスキャナによる３次元計測」(2018(平成30)年２月21日(水)広島市)を開催した(図８-15)。

8.3.2　講習会の進め方とその内容

この講習会では，UAV搭載レーザシステムの原理・構造，UAV搭載レーザで取得したデータの処理解析の方法，UAV搭載レーザシステムによるフライト実演，取得した点群データの処理等を通じて，身近にその技術の一端を習得することを目的としている。

１）利活用からみたUAVレーザへの期待

ここでは，UAV搭載デジカメによる写真測量方式からUAV搭載レーザスキャナへの技術的な変遷によって利活用の側面ではどのようなことに期待できるか，何が変わるかについて述べられた(図８-16)。UAV搭載レーザスキャナでの利活用分野を検討していく場合，これまでの航空レーザ測量での成果や問題点・課題を分析することが第一義的に必要となることに触れた。さらに，UAV搭載レーザスキャナの利活用として，防災，維持管理，環境という側面からの期待できる点を言及した。

２）UAVレーザシステムについて

ここでは，①「樹木下の地表データが計測できる」，②)「UAVレーザの技術ポイントは？」，③「UAVレーザの課題」に分けて，UAVレーザシステムの特長について解説した。

①では，最初に固定翼の場合の航空レーザ測量と樹木下の地形を計測していくための原理およびそのための計測データの処理の流れについて述べる。次いで，UAVレーザシステムの構成・仕様(図８-17)，写真測量や航空機によるレーザ測量との比較においてUAVレーザ測量の優位点などが挙げられた。取得したファーストパルス，ラストパルスなどから，フィルタリングによる植生除去による地表面の地形形状の把握や両パルスによる高さデータの差分による樹高計測の事例が紹介された(図８-18)。②では，レーザ計測において安全性と効率性・精度を確保するためには，一定高度での照射距離が必要になること(図８-19)，植生が繁茂している箇所に対しては低高度で浅い角度からレーザを入射すると植生に影響されて地表面データが困難になる場合があり，入射角度も重要なポイントになることを強調していた(図８-20)。③では，UAVレーザ計測の見えてきた課題について述べられた。UAVは航空機ではないため私有地上空に侵入できないこと，加えて離着陸場所が制限されるため飛行時間や有視界飛行の考慮が重要なることを言及していた。

３）UAVレーザデータの処理・解析

ここでは，①UAVレーザスキャナによる３次元点群処理，②３次元点群データの処理技術の考察などについて講義した。

UAVレーザスキャナによる３次元点群処理では，最初にUAV搭載用の各種レーザスキャナの仕様・性能やセンサ比較について解説した。次いで，国土交通省『無人航空機搭載型レーザスキャナを用いた出来形管理要領(土工編)(案)』で関連する重要ポイントなどについ

図8-15　広島市元安川でのUAVレーザ計測

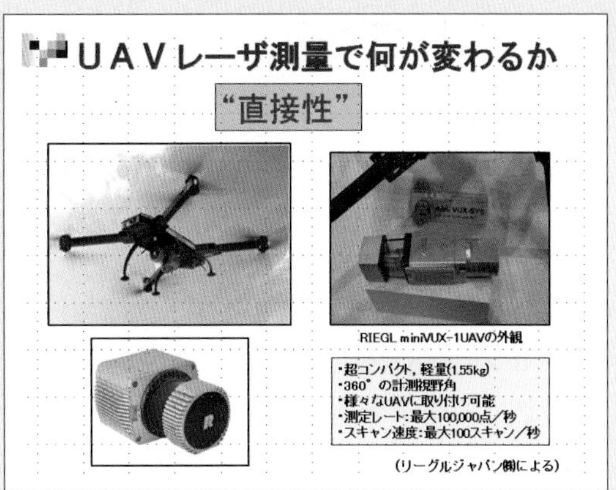

図8-16　UAVレーザ測量で何が変わるか

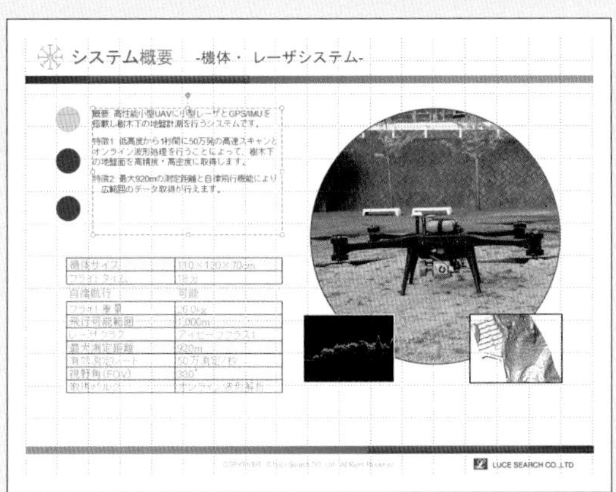

図8-17　UAVレーザシステム

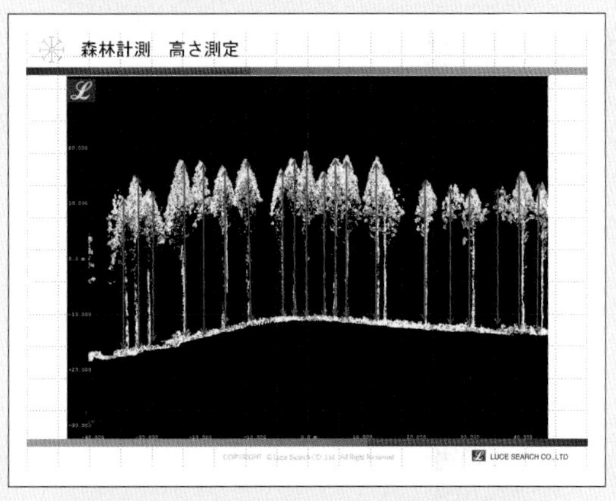

図8-18　UAVレーザによる樹高計測の事例

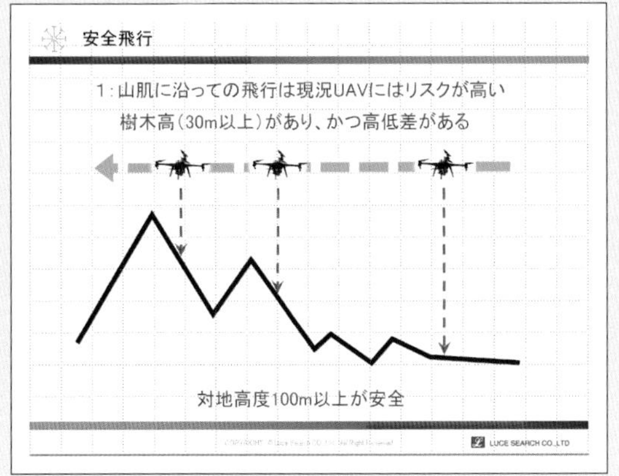

図8-19　UAVレーザでの安全飛行

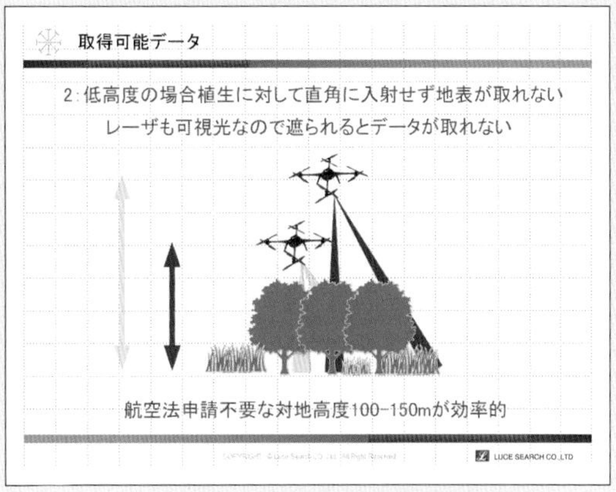

図8-20　UAVレーザ計測での取得可能データ

第8章

て説明した。具体的には，点群処理ソフトの機能(図８-21)，３次元点群の精度確認(水平と標高)，UAVレーザの入射角と有効計測幅(図８-22)ついて言及した。さらに，国土地理院『地上レーザスキャナを用いた公共測量マニュアル(案)』を例に関連する重要ポイントについても補足説明した。

３次元点群データの処理技術の考察では，３次元点群処理の考察として，３次元点群を組み合わせる課題点を挙げ，そのために検討すべき技術として計測誤差や高速化のために必要なフィリタリング(図８-23)，複数の点群データを重ね合わせるために必要なレジストレーション(図８-24)，重ね合わせた後に差分を抽出する比較処理などについて触れた。さらに，３次元点群を組み合わせる課題点として，反復した(iterative：I)，類似した(closest：C)，点(point：P)，すなわちICPの計算概念，計算方法，実証実験などについて述べられた。

４）UAVレーザシステムによる現場での計測および取得した点群データの処理

UAVレーザシステムによる現場でのフライト実演は，講習会場となった広島県情報プラザ(広島市中区千田町)の近くを流れる元安川および堤防で実施した(前掲図８-15)。その後，講習会場に戻り，現場で取得した点群データの処理の流れや処理方法について講義した。

図８-25～８-26には，取得した点群データの処理結果を示す。

8.3.3 まとめ

今回は当協会で開催しているUAV関連講習会の中で初めて実施した講習会であり，1日という限られた時間ではあったが，40名を超す受講者があり，当該技術への関心の高さを窺い知ることができた。防災分野や森林管理分野など幅広い分野に利用可能な技術であることを改めて知る機会であった。

[瀬戸島 政博 ((公社)日本測量協会)，渡辺 豊 (ルーチェサーチ(株))，村木 広和 (国際航業(株))]

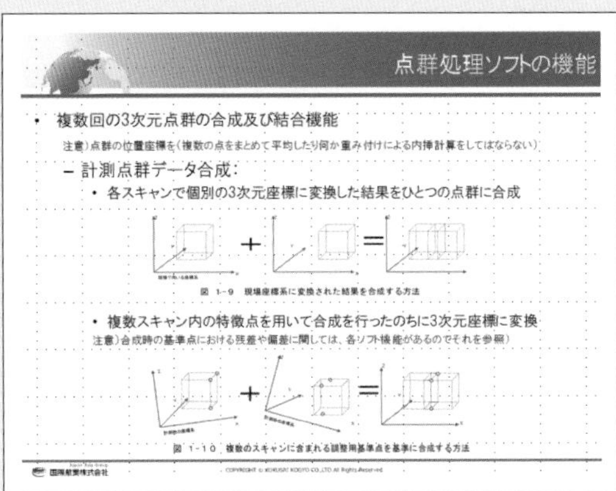

図8-21　処理ソフトの機能の一例

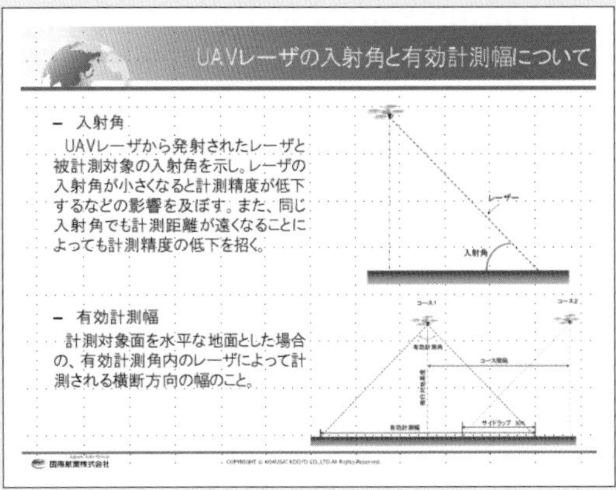

図8-22　UAVレーザの入射角と有効計測幅

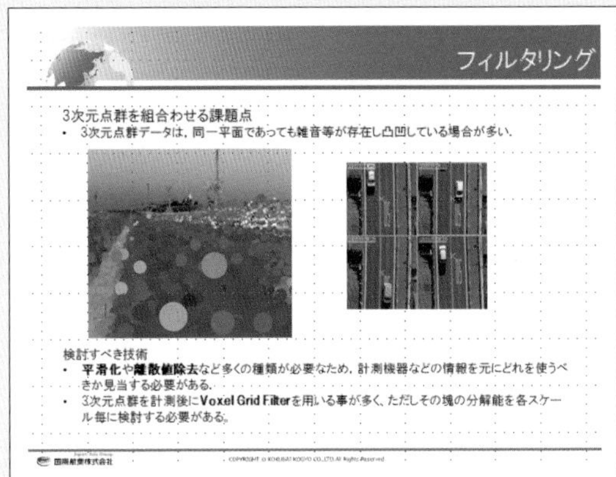

図8-23　点群データのフィルタリング

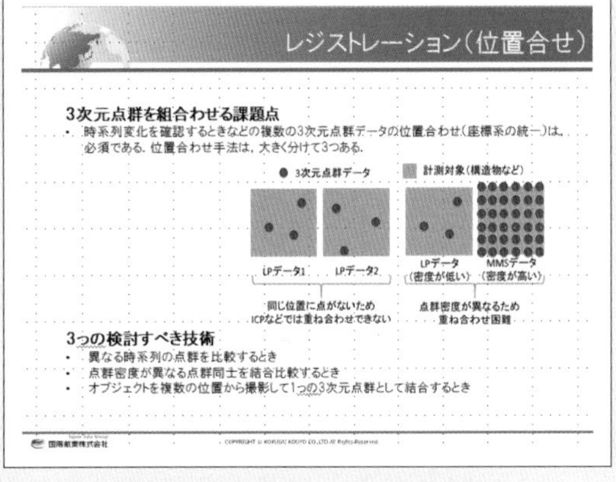

図8-24　点群データの位置合わせ

図8-25　作成した３次元画像

図8-26　作成した３次元カラー画像

第8章

8.4　UAVによる３次元計測スクール事例

国際航業(株)では，2016(平成28)年ごろからUAVスクールを一般社団法人日本UAS産業振興協議会(JUIDA)の認定講師を育成し，３次元計測法と組み合わせたスクールをいち早く立ち上げた。近年では，数百のUAVスクールがあり産業向けの３次元計測プログラムを提供するスクールも出始めた。弊社では，i-Construction向けの３次元出来形計測の方法を初めて教育プログラムとしてスタートした。

現状は，UAV操縦と３次元化にプラスして，DSERO(一般社団法人ドローン測量教育研究機構)から認定校として弊社のUAVスクールが認定を受けて展開している。

8.4.1　３次元計測カリキュラム(図８-27参照)

１）入門コース

UAVを使った測量分野への展開を検討するための基礎知識を身に着ける。半日の座学で事前知識等も制限はありません。内容は以下となる。

①UAV入門　②３次元計測入門　③SfM入門　④撮影計画入門

２）操縦技能コース

UAV操縦の資格を取るもので４日間の座学と実技のコースである。このコースの修了後，JUIDAの操縦技能証明証と安全運航管理者証明証を申請できるようになる。内容は以下となる。

①UAV概論　②UAVマニュアル操縦実習　③安全運行管理

３）初級コース

UAVを用いて撮影されたデジタル写真を用いて３次元情報を取得する方法を学ぶ座学の１日コースである。内容は以下となる。

①UAV概論　②３次元計測概論　③SfM概論　④UAV撮影計画
⑤Pix4D社のSfMソフトであるPix4DMapperを用いた３次元点群の作成
⑥公共測量マニュアル(案)概要

４）中級コース

２日間で座学と実習を行うコースで実際にUAVを用いて撮影計画を立案し撮影を行いSfMソフトを用いて３次元点群を生成する手順を学ぶ。内容は以下となる。

①３次元計測概論　②SfM概論　③UAV撮影計画　④UAV撮影実習
⑤Pix4DMapperによる３次元点群作成　⑥公共測量マニュアル(案)概要

8.4.2　DSERO認定カリキュラム

１）管理士コース

座学の１日で，管理士を取得するためのコースとなっている。内容は，ドローン計測の作業・工程を把握し管理できる知識・技能を証明する資格で，DSEROホームページには，(「管理士」は測量結果を使う人の技術として，「適切に精度を管理」するための知識を養い，資格を認定。)と記載されている。

①UAV概論　②安全運航　③写真測量概論　④SfM概論
⑤３次元計測による出来形管理　⑥SfM解析実習

２）技能士コース

座学と実技の２日間コースで，技能士を取得するためのコースとなっている。内容はドローン計測の作業実施に必要な知識・技能を証明する資格で，DSEROホームページには，(「技能士」はドローンで測る人の技術として，「精度を管理できる実技能力」を養い，資格を認定。)と記載されている。内容に関しては現在準備中である。

［村木　広和　(国際航業(株))］

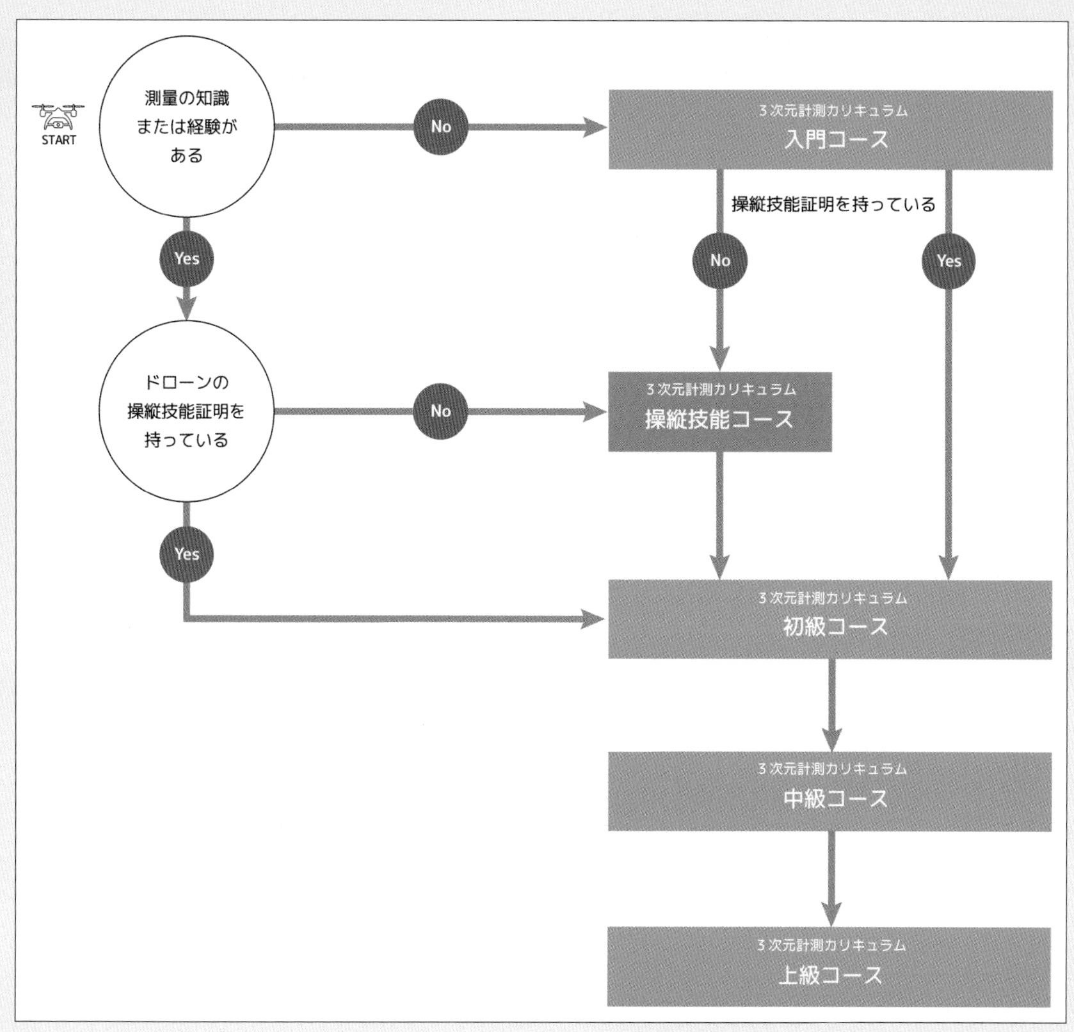

図8-27　3次元計測カリキュラムの流れ

第8章

おわりに

スペーシャリストの会　会長　瀬戸島　政博

本書を執筆中の2018(平成30)年は，その一年間が“災”という一文字で代表される年でした。しかも大規模災害が頻発し，地震，豪雨，台風，火山噴火など災害パターンも多様でした。寺田寅彦の有名な言葉に，「天災は忘れた頃にやって来る」がありますが，2018年は「天災は忘れないうちに次々にやって来る」と言い直せるほどでした。忘れないうちに次々に大規模災害が発生することで，その教訓を噛み締める時間的余裕の無いまま，次の災害を受けてしまうと言う悪のスパイラルに落ち込んでしまっているのが現在なのかもしれません。

そのような中，災害後の復旧で先陣を受け持つのが私たち測量・地理空間情報界である。その時に最適な測量調査手段の一つがUAVであることは間違いありません。UAVによるメリットは，①鳥の眼で，鳥の飛翔する高さから災害現場を視ることができること，②クイックレスポンスな対応ができること，③多様な搭載センサから観測できること，などが挙げられます。加えて，たくさんの適用事例を経験することやそのような適用事例を公開し共有していくことが重要となると考えられます。その意味では本書の果たす役割もその一翼を担っているものと自負しています。

ただ，UAVは万能ではないことも事実です。大規模災害の発生直後の被災実態を一早く把握するには最適ですが，広範な被災範囲を把握していくには，人工衛星や航空機レベルからの測量調査手法を含めた多段的な(マルチステージな)プラットフォームとセンサの組み合わせを考慮して対応することが重要になります。加えて，UAVやその搭載センサなどの技術は日進月歩というスピード感を超え，時進日歩と喩えられるほどのスピードで変化しています。したがって，そのような技術動向にも常に関心を抱きながら日々の仕事に注力いただければ幸いです。

実務者向け

UAV利活用事例集

定価　2,750円（本体2,500円＋税10%）

発　　行	令和元年7月26日　初版　©
	9月8日　第2刷
	2年2月4日　第3刷
	5年1月9日　第4刷
企画・編集	スペーシャリストの会
発 行 者	公益社団法人　日本測量協会
	東京都文京区小石川1-5-1　パークコート文京小石川 ザ タワー 5階
	TEL　03-5684-3354　FAX　03-5684-3364
	URL　https://www.jsurvey.jp
印　　刷	勝美印刷株式会社

Printed in Japan

ISBN978-4-88941-117-1